JN299990

SPORTSCAR PROFILE SERIES ⑦

アルファ・ロメオ

33
33/2
33/3
33TT3
33TT12
33SC12

檜垣和夫

二玄社

SPORTSCAR PROFILE SERIES ⑦

アルファ・ロメオ

33
33/2
33/3
33TT3
33TT12
33SC12

目次

スポーツカー・プロファイル・シリーズ⑦
アルファ・ロメオ　33／33/2／33/3／33TT3／33TT12／33SC12

  まえがき   7

第1章　2ℓV8エンジン時代　1967〜1968年 ——— 9
  33（1967年）   10
  33/2（1968年）   26

  カラー口絵（33／1967年〜33TT3／1972年）——— 41

第2章　3ℓV8エンジン時代　1969〜1972年 ——— 57
  33/3（1969年）   58
  33/3（1970年）   70
  33/3（1971年）   82
  33TT3（1972年） 96

  カラー口絵（33TT12／1973年〜33SC12／1977年）——— 113

第3章　水平対向エンジン時代　1973〜1977年 ——— 129
  33TT12（1973年） 130
  33TT12（1974年） 137
  33TT12（1975年） 146
  33SC12（1976年） 161
  33SC12（1977年） 164

  戦績表   172
  主要諸元   180
  あとがき   181

【写真クレジット凡例】
EdF=Eric della Faille/CG Library
BC=Bernard Cahier
PP=David Phipps/CG Library
DPPI-Max Press=DPPI（Max Press管理分）
ACTUALFOTO=ACTUALFOTO
無印=メーカー提供写真またはCG撮影分

まえがき

　スポーツカー・プロファイルの単行本の7冊目をお届けする。マートラ／アルピーヌ篇の後書きで予告したとおり、今回はいよいよアルファ・ロメオ篇（具体的にはティーポ33）である。マートラ／アルピーヌ篇の前書きにも書いたように、単行本化がスタートして以来リクエストが多かった車種であり、いささか遅くなったがようやく取り上げることができたことは、個人的にもこのマシーンが好きな者として大変うれしい限りである。

　ところで、これまでの刊行のペースからすると、マートラ／アルピーヌ篇からわずか3ヵ月しか間がないことに驚かれた方がおられるかも知れない（正直、筆者自身が一番驚いている）。間隔が短くなった事情については後書きの中で述べるが、それが可能となったのには理由がある。実は、最初はマートラとアルファ・ロメオで1冊という計画があり（各1冊では薄くなってしまいそうだったので）、並行して執筆を進めていた時期があったのである。結局はマートラ／アルピーヌだけでも充分な量になり、とても1冊の中にアルファ・ロメオまで収めることは困難になった。そして、マートラ／アルピーヌ篇が終了してすぐ、途中まで進めていたアルファ・ロメオ篇に再び取りかかったので、何とか短期間で完成までこぎ着けられたというのが内幕である。

　単行本化にあたっては、これまで同様、CG本誌に掲載した原稿をベースに加筆訂正を行なうという形を採ったが、アルファ・ロメオはCGでも割と最近取り上げた車種であり、ページ数の関係から内容をかなり簡略化したものであったため、今回の原稿は全面的に書き下ろしたといった方が正しい。毎度のことだが、いろいろ調べ直しているうちに、CGに掲載した内容にいかに誤りが多かったかが分かり、何度冷や汗をかいたことか。

　今回もマートラ／アルピーヌ篇に続いて、資料が少ないことには苦労した。以前にも書いたが、イギリスやドイツのメーカーについては、ポール・フレールやカール・ルドヴィクセンといった一流の書き手がメーカーの全面的な協力を得て、決定版というべき本を著している。また、マートラやアルピーヌも、母国フランスではそれなりのレベルの著作がいくつも刊行されているが、ことアルファ・ロメオ（正確にはティーポ33）に関しては、イタリア国内でもそのような高いレベルの書籍は出ていないようだ。ほとんどの場合、アルファ・ロメオ全体の歴史の中でほんの一部としてふれられているに過ぎず、結果的に最

も役に立ったのは、当時の海外の雑誌の記事であったといってよい。ちなみに、御存知の方もいるかと思うが、ティーポ33については2005年にイギリスで本が出ている。おそらくティーポ33に的を絞ったものは世界的に見てもこれが初めてだろう。ただ、関係者への聞き書きの部分などは確かに面白い記述が多いが、客観的な事実に関しては新しい発見が少なく（メーカーの協力がほとんどなかったようなのでそれも仕方ないだろう）、フレールやルドヴィクセンの著作とは比較にならないものであり、いささか期待外れであった。

　イラストについては、CG本誌に掲載した8台に、75年の33TT12を追加してある。本当なら69年の最初の3ℓマシーンも加えるべきなのだが、何しろいつも以上に時間的余裕がなく、断念せざるを得なかった（75年の33TT12は、74年のイラストをベースにできたので間に合ったのだが、74年と77年のイラストがロングテール仕様なので、ショートテール仕様とした）。

　アルファ篇の制作にあたって、最も懸念していたのは写真の入手である。フェラーリの時もそうだったが、イタリア車の場合はメーカーの広報写真といったものがまったく期待できないので、CGが手持ちのエリック・デラ・ファイユやベルナール・カイエ、DPPIなどの写真に頼らざるを得ず、どれだけ本文の内容に即したものを載せられるか、不安を抱いていた。ところが、幸運なことにイタリアのフォト・エージェンシー、アクチュアルフォトとコンタクトが取ることができ、ここが所蔵しているティーポ33の貴重な写真を使えることになった（それなりの値段はするが）。どのようなものかは以後のページを見ていただくしかないが、おそらくこれまで見たことのない興味深い写真が多数あるものと自負している。

　読者諸氏の中には、写真をもっと増やしてほしいという意見もあるようだが、昔のレースの写真の値段が高騰している現在、これだけの量の写真を掲載した本を制作できること自体が、ある意味奇跡に近いことなのである。それもこれも、以前CGと付き合いのあったデラ・ファイユなどの写真が多数存在するおかげであり、氏の母国ベルギーの方角には足を向けて寝られないというのが正直な気持ちである。

2010年5月
著者

33
33/2

第1章

2ℓ V8エンジン時代

1967—1968年

1960年代中盤にGTおよびツーリングカーレースの世界で好成績を
収めていたアルファ・ロメオは、やがて純レーシングマシーンによる
耐久レースへの進出を決断すると、2ℓマシーンの
ティーポ33を開発して、67年から世界選手権への参戦を開始した。
そして1年目こそ苦戦を強いられたが、
翌68年には2ℓクラスのトップへとのし上がった。
その最初の2年間の戦いにスポットを当てる。

33 1967

カルロ・キティとアウトデルタ

　ティーポ33の話に入る前に、まずはティーポ33が登場するまでのアルファ・ロメオのレース活動の歩み、そしてティーポ33を語る上で欠くことのできない存在、アウトデルタについてふれておこう。

　第2次世界大戦前のレース界において、アルファ・ロメオは燦然と輝く存在であった。ヴィットリオ・ヤーノという天才設計者を擁し、1920年代から30年代前半にかけて、ヤーノの手がけたP2やP3がグランプリレースで、また6C1750や8C2300がルマン24時間やミッレ・ミリアなどのスポーツカーレースで圧倒的な強さを発揮したのである。

　第2次大戦後も、戦争が終わるや否や、戦前にヴォワチュレット・クラス用として開発したティーポ158 "アルフェッタ" でグランプリレースにカムバックすると、1950年からスタートした世界選手権では158と改良型の159が2年続けてタイトルを獲得した。しかし、フェラーリをはじめとする自然吸気エンジン車の台頭、そして自らの財政難という状況の悪化により、51年限りでグランプリレースからの撤退を決めた。

　グランプリから手を引いた後、彼らはスポーツカーレースに目を転じ、52年に開発した "ディスコ・ヴォランテ" をレース用に仕立てた6C3000CMで53年の世界選手権に挑戦した。しかし、最大の目標であったミッレ・ミリアではレースをリードしながらマシーントラブルのために惜しくも2位に留まり、その他のレースでもほとんど成功を収められずに終わった。結局1年だけでスポーツカーレースからも撤退、その後はワークスとして一切のレース活動から距離を置くことになった。

　そのアルファのレースに対する姿勢に変化が見られたのは1960年代はじめ、新型のGTマシー

アウトデルタのボスとして、アルファ・ロメオのレース活動を指揮したカルロ・キティ。右側に見えるマシーンから、1967年に撮影されたもののようだ。

33 (1967)

ン、ジュリアTZの開発に乗り出した頃である。生産台数が少ないことから、アルファの経営陣はその組み立てを社外の組織に委託しようと考え、同時にそれまでプライベート任せだったレース活動も、マシーンの熟成やワークスチームとしてのレース運営をその組織に一任しようと決めたのである。そしてその指揮を執る人物として白羽の矢が立てられたのがカルロ・キティであった。

キティは1924年、古都フィレンツェに近いピストイアに生まれた。ピサ大学で航空工学を学んだ後、化学関係の企業を経て52年にアルファ・ロメオに入社。前出のディスコ・ヴォランテの開発に関わった後、57年10月にはフェラーリに移籍して、以後チーフ・エンジニアとして活躍した。F1では1958年と61年の2度のタイトル獲得に貢献し、スポーツカーレースでも250テスタロッサを送り出すなど、フェラーリが黄金時代を築くのに大きな役割を果たした。

ところが、61年のシーズン終了後、キティはチームマネジャーやエンジニアら7人のスタッフとともに、フェラーリを飛び出してしまう。チャンピオン・チームの主要メンバーがごっそり抜けてしまうという大事件に、レース界は色めき立った。真相は今もって定かでないが、着々とチーム内で発言力を増しつつあったキティらと、常に最高権力者であろうとしていた御大エンツォが衝突するのは、遅かれ早かれ避けられない事態だったのだろう。

フェラーリを離れたキティは、資産家の貴族のバックアップを得て、ATSというコンストラクター（70年代後半から80年代前半にかけてドイツに同名のF1チームがあったが、もちろん無関係）を設立すると、F1マシーンを開発して63年シーズンの選手権に挑戦した。マシーン自体は非常にスリムで意欲的なものだったが、まったく競争力に欠ける失敗作であったために成績は低迷、ATSはやがて空中分解の運命をたどることになる。

62年、フェラーリとたもとを分かったばかりのキティに声をかけたのが、アルファ・ロメオだった。ATSでの活動があったため、キティは最初その依頼を断ったが、その後ATSの活動がうまく行かなかったこともあり、結局アルファの依頼を受けることにした。そして、フェラーリ時代の同僚で、その後イタリア北東部のウディーネでイノチェンティのディーラーを経営していたルドヴィコ・キッゾーラと彼の弟ジャンニの3人で会社を設立する。社名は当初、キッゾーラがウディーネで使用していた"アウトスポルト"とするつもりだったが、権利関係でそれが使えないことが明らかになったため、キティとキッゾーラ兄弟の3人がそれぞれ拠点にしていたボローニャ、ウディーネ、ミラノの3ヵ所の位置関係を表わす三角形から、"アウトデルタ"と命名された。こうして63年3月に誕生したアウトデルタとアルファ・ロメオの間で正式に契約が結ばれ、アウトデルタはTZの組み立て、マシーンの熟成、そしてアルファのワークスチームとして国内外のレース活動を請け負うことになったのである。

アウトデルタの工場は最初ウディーネに置かれたが、アルファの本社があるミラノから遠かったため、やがてアルファはもっと近い場所への移転を求めた。結局1964年から65年のシーズンオフにアウトデルタはミラノの近郊に移転、同時にアルファがアウトデルタの株式を買い取り、アルファの傘下に入った。なお、ウディーネに愛着のあるキッゾーラ兄弟はこれを機にアウトデルタを去り、その後はキティがアウトデルタの顔として陣頭指揮を執ることになった。

こうしてアルファ・ロメオのワークスチームと

なったアウトデルタは、その後GTやツーリングカーレースで目覚しい活躍を見せる。64年以降、TZやその発展型のTZ2が多くのレースで1.6ℓクラスの優勝を手にしたのに加えて、65年にはジュリア・スプリントGTAが登場し、66年のヨーロッパ・ツーリングカー・チャンピオンシップでは1.6ℓクラスで見事タイトルを獲得してみせた。

ティーポ33の誕生

アルファ・ロメオのレースへの復帰は、GTやツーリングカーなど市販車に限定されたものではなかった。当時、スポーツ・プロトタイプによるレースの人気が高まりつつあったことから、64年後半にはスポーツ・プロトタイプで世界選手権に挑戦しようという決断がなされたのである。

当時のスポーツ・プロトタイプは、エンジン排気量の2ℓを境にクラス分けされていたが、アルファは市販車の主力車種との兼ね合いと、2ℓ以上のクラスは当時フェラーリが君臨していた上、アメリカ・フォードが参戦に乗り出すなど、競争が熾烈であったことから、2ℓクラスへの参戦を決めた。

マシーンの開発プロジェクト名は"105.33"。当時アルファ社内におけるマシーンのプロジェクト名は、前にどれも105がつけられ、その33番目のモデルという意味である（ちなみにひとつ前の105.32はジュリア・スプリントGTA）。これがティーポ33という名前の由来であることはいうまでもなかろう。具体的な開発作業は、技術担当重役であったオラツィオ・サッタの総指揮の下、チーフ・エンジニアのジュゼッペ・ブッソが率いるグループが担当した。

まずエンジンとして、90度V型8気筒が新たに開発された。このV8については、TZに搭載されていた直列4気筒を2基組み合わせたものとする説もあるが、これは誤りで、1950年代に試作されたエンジンの中にあった2ℓ・V8がルーツであ

67年の33のコクピット。右奥に見える太い柱が個性的なFフレームの一部である。長いシフトレバーは、やはりイタリア車だなぁと感じさせる。2ℓ時代はポルシェ906などと同じく左ハンドルを採用していた。

33のエンジン回り。エアファンネルの後ろにあるのは、インボードに配置されたリアブレーキへの冷却風の取り入れ口で、エンジン上部の吸気用ダクトの一部から風を取り込む。サスペンションのコイルスプリング／ダンパーユニットは当時の標準よりかなり長く、上端がこのように高い位置にある。右下に見える太い筒は、フレームの後部に取り付けられたマグネシウム合金製の腕。左側の奥はオイルタンクである。

るとされている。また、12気筒の採用も検討されたが、将来的に市販車への流用を考えた時のコスト面の問題から結局除外されたともいう。

ボア・ストロークは78×52.2mm、総排気量は1995cc。シリンダーブロックとシリンダーヘッドはアルミ合金製で、前者は鋳鉄製のウェットライナーを備える。クランクシャフトは180度位相のいわゆるシングルプレーンの5メインベアリング。燃焼室は半球形で、圧縮比は11.0：1。動弁方式はチェーン駆動によるDOHC 2バルブ。燃料供給はルーカスの機械式燃料噴射（開発の初期にはキャブレターも用いられたらしい）。潤滑系はドライサンプである。

点火系はマレッリ製のディストリビューターと点火コイルによるバッテリー方式だったが、気筒当たりの点火プラグの数については1本と2本の2説がある。本ページの写真を見ると、ハイテンションコードの本数からも明らかなようにシングルプラグだが、現存している68年型の2ℓマシーンではツインプラグ（左右のバンク毎にディストリビューターを装備）となっており、どちらの仕様も存在したことは間違いない。ツインプラグ自体はアルファのお家芸といえるが、どの時点で変更されたのかは定かでない。

エンジンに関する特徴として、上部にシュノーケル状の吸気用ダクトが装着された点がある。これは前年の選手権に参戦したシャパラル2Dの影響によるものらしいが、現在のインダクションボックスのように走行風圧を利用してパワーアップを図るのが狙いではなく、ティーポ33の場合、巨大なウィンドスクリーンのせいでエンジンの上側の空気の流れが悪く、吸気系が安定して空気を取り入れられないことの対策として装着されたものだという。この個性的な形状のダクトのせいで、

67年3月初め、バロッコのテストコースでプレスにお披露目された33。ノーズの左右にスポイラーを装着しているが、実戦では一度も使用されなかったようだ。下側の写真のドライバーは開発・テストを担当したテオドール・ツェッコリ。

　67年のティーポ33は"Periscopica（潜望鏡）"というニックネームで呼ばれることになった。
　ギアボックスは自製の6段ノンシンクロ（ハウジングはマグネシウム合金製）、クラッチは乾式単板である。
　エンジンの最高出力については、最近の資料の多くは270bhp／9600rpmという数値を採用している。これは、当時の2ℓクラスのプロトタイプ用パワーユニットとしてはトップの数値であったが（ポルシェはワークス仕様で230bhp、フェラーリ・ディーノやニッサンR380Ⅱ型は220bhp）、正確には2ℓ仕様の後期における値であり、67年にデビューした時点では彼らも230bhp程度であったらしい。
　67年のティーポ33において異彩を放っていたのが、そのシャシーである。1960年代中盤とい

14

33 (1967)

えば、それまでのスペースフレームから、フォードやローラが導入したツインチューブ・タイプのモノコックへとシャシーのトレンドが移りつつあった時期だが、ティーポ33はそのどちらとも異なる独自の構造を採用したのである。

百聞は一見にしかずの諺どおり、具体的な構造は写真を見てもらうのが一番だが、要するに平行に並べたアルミ合金製の円筒（200mm径／2.5mm厚）2本をやはりアルミ合金製の円筒で結合した、いわばH字型のフレームだったのである。

このH字を構成する円筒は、容量100ℓの燃料タンク（内部を樹脂でコーティングして燃料を直接収容）も兼ねていた。円筒の前端はマグネシウム合金鋳造による複雑な形状のバルクヘッドで左右が連結され、このバルクヘッドにフロントのサスペンションやステアリング・ギアボックス（アルファ初のラック＆ピニオン）、ペダルやブレーキのマスターシリンダーなどが取り付けられていた。一方、円筒の後端には、やはりマグネシウム合金鋳造で製作された腕が取り付けられ、その前側がエンジンを、そして後端に左右を橋渡しする形で取り付けられた鋼板製のバルクヘッドがギアボックスやリアサスペンションを支持する構造になっていた。

足回りに目を向けると、サスペンションは当時のレーシングマシーンとしては常識的な前後ダブル・ウィッシュボーン。ブレーキは前後ベンチレーテッド・ディスクで、リアはインボード配置と

33の個性的なフレーム（写真は壁に立てかけた状態）。H字型と形容した理由が分かるだろう。上が進行方向で、マグネシウム合金製のフロントバルクヘッドの複雑な形状に注意。この部分は剛性が足りず、ハンドリングに悪影響が及んだという。下側にはエンジンを支持する左右2本の腕も取り付けられている。（ACTUALFOTO）

されていた。ホイールはボルトオン・タイプのマグネシウム合金製で、径は13インチ、リム幅は前が8インチ、後ろが9インチ。これに当時としては最も一般的だったダンロップのタイヤを履く。

ボディはFRP製。興味深いのは、当時のスポーツ・プロトタイプはクーペボディが主流であったのに対して、ティーポ33はオープンボディとさ

れた点である。クーペが主流であったのは、当時のレギュレーションではウィンドスクリーンについて最小寸法が定められていたため、オープンにしても前面投影面積の減少とならなかったばかりか、マシーン後部の空気の流れが悪化することで、空気抵抗が増えると考えられたためらしい。にもかかわらず、アルファがオープンボディを選んだ理由ははっきりしないが、軽量化が容易（ちなみに最初の車重は乾燥状態で580kgと発表されていた）、あるいは彼らが重要視していたタルガ・フローリオなどでのドライビングのしやすさなどの点が考えられる。

丸みを帯びた個性的なスタイリングについては、特に誰のデザインといった説明はなされていない。69年頃、イタリアの『STYLE AUTO』誌に67／68年のティーポ33の開発ストーリーが掲載され、その中で67年のシーズン後半に登場するロングテール仕様や68年のクーペ仕様については風洞実験が行なわれたことが述べられているが、67年のオリジナルの仕様についてはそういった記述がまったくないので、最初のスタイリングは風洞実験を行なわず、設計者がいわばフィーリングで決めたものではないかとも推測される。ただ、同じ年のポルシェ910やフェラーリ・ディーノ206Sと比べて、スカットルのラインが高い位置にあるそのスタイリングは、古めかしい感じを否めなかった。

ベールを脱いだティーポ33

ティーポ33の1号車がミラノ近郊のイル・ポルテッロにあるアルファの工場の一角で完成したのは、1965年終盤のことだった。もっとも、そのマシーンは後のティーポ33の1号車というより、テスト目的で製作されたマシーンといった方が正確で、スタイリングはその後のティーポ33とはまったくの別物、そしてエンジンもV型8気筒がまだ完成していなかったため、代わりにTZの直列4気筒が搭載されていた。

この1号車は、ブッソが率いるアルファの技術陣の手で、ミラノの西方、バロッコにあるアルファのテストコースでさっそくシェイクダウンが実施された。その後、マシーンはアウトデルタに引き渡され、やがてV8エンジンが完成すると、これを搭載してテストが重ねられた。ちなみにドライバーは、63年にアルファ入りし、テストドライバーを任されていたテオドール・ツェッコリが主に務めた。

その後、手狭なバロッコでは本格的な走行が難しくなったため、モンザなど一般のサーキットでもテストが行なわれるようになったが、機密の保持にはかなり苦労したようである。やがて67年に年が改まり、1月7日にモンザで行なわれたテストでは、ツェッコリの駆るティーポ33（この頃にはすでにデビュー時のスタイリングになっていたらしい）が大クラッシュ、マシーンは炎上し、負傷したツェッコリが病院に運ばれるという事件も起こった。

3月6日には、バロッコでいよいよプレスへの発表が行なわれ、ティーポ33は初めてその姿を公の前に現わした。そしてこの発表から1週間も経たない3月12日、ベルギー東部のリエージュ近郊のフレロンという田舎町で開催されたヒルクライムに、ティーポ33は突然姿を現わす。これは、本格的なレースデビューとして予定されていたセブリング12時間の前に、いわば小手調べの意味で出場したものらしい。

ステアリングを握ったのは、テストドライバーのツェッコリ。彼は1分10秒8というトップタイムを叩き出し、マクラーレンのフォーミュラ・マ

33 (1967)

ベルギー・フレロンのヒルクライムで公の前に初めて姿を見せた33。フレロンの写真は数少なく、この2枚は撮影したデラ・ファイユがベルギー人であったおかげといえるだろう。(EdF)

ヒルクライムのコースを駆け上る33。ロールバーに何やら装着されているが、どうも公道走行用の仮ナンバーらしい。(EdF)

シーン（エンジンはオールズモビルの4.5ℓ・V8）を0.2秒（1秒説もあるが）抑えて優勝を飾ってみせた。まともな競争相手のいないローカルイベントだけに、デビューというにはいささか物足りないものだったが、ともあれティーポ33は勝利でそのキャリアをスタートさせたのだった。

セブリング12時間
（1967年4月1日）

　ティーポ33の本格的なレースデビューは、この年のマニュファクチュアラーズ・チャンピオンシップの第2戦、アメリカのフロリダ州セブリングで行なわれた12時間レースであった。わざわざ大

33の本格的なデビューとなった67年のセブリングを走る2台の33。向こう側がアダミッチ／ツェッコリ組、手前がブッシネロ／ギャリ組。すぐ後ろにはワークス・ポルシェの910が迫っている。(BC)

西洋を渡って遠征するより、続く第3戦は彼らのお膝元モンザで開かれる予定だったのだから、デビューレースとしてはモンザの方が適していたように思えるが、少しでも早く実戦を経験させたかったということだろうか。

出場したのは以下の2台である。
⑥⑤アンドレア・デ・アダミッチ／T.ツェッコリ組（004）
⑥⑥ロベルト・ブッシネロ／ナンニ・ギャリ組（005）

ステアリングを握るのは全員イタリア人で、いずれもアウトデルタのワークスドライバーとして、ツーリングカーレースなどで実績のある者たちであった。

予選では、エース格のアダミッチが3分00秒6の好タイムで総合9位につけ、注目を集めた（ブッシネロ組は3分11秒00で21位）。地元から出場したプライベートのポルシェ906が7位に食い込んだため2ℓクラスのトップとは行かなかったが、ワークス・ポルシェが投入した新型マシーンの910を上回り（といってもその差は0秒4に過ぎなかったが）、本番に大いに期待が持たれた。

その決勝でも、ティーポ33はいきなり注目を集める。このレースはルマン式スタートが採用されていたが、アダミッチのティーポ33は真っ先にグリッドを飛び出すと（オープンボディのアルファはクーペボディのフォードやポルシェよりルマン式スタートで有利）、何と1周目は大排気量マシーンを抑えて先頭でピット前に戻ってきたのである。ただ、さすがに排気量の差はいかんともしがたく、2周目には2台のフォードに抜かれて3位に後退、その後もシャパラルやフェラーリなどに抜かれて徐々に順位を下げた。

それでも、アダミッチ組は序盤ワークス・ポルシェ勢と競り合いを繰り広げたが、やがてティーポ33は2台とも点火系の部品が過熱するというトラブルに見舞われ（寒い北イタリアと暖かいフロリダとの気温の差が影響したものらしい）、後

33 (1967)

ルマン・テストデイに出場した33。ロングテール仕様の写真が見つからなかったのは大変残念である。(PP)

ちなみに、33のベストタイムを記録したのは37番のマシーンで、この38番は4分00秒6で12位だった。(PP)

退を強いられてしまう。結局ブッシネロ組は4時間過ぎにその点火系のトラブル、一方アダミッチ組は6時間目にリアのサスペンションが破損して、どちらもリタイアに追い込まれた。こうしてデビューを好成績で飾ることはできなかったものの、予選や決勝の序盤に垣間見せた速さから、ティーポ33に対してその後を有望視する声が高まった。

ルマン・テストデイ
（1967年4月8／9日）

　セブリングの1週間後、当時ヨーロッパ・シーズンの開幕前の恒例行事であったルマンのテストデイが開催され、アルファも3台のティーポ33を参加させた。ただ、これは6月のルマンの本番に向けての準備というわけではなく（実際本番には出場しなかったのだから）、テストの一環、あるいは他車との性能差を確認する狙いなどで参加したものではないかと思われる。

　3台のうち2台はセブリングに出場したマシーンとほとんど変わりなかったが、残る1台はロールバーまで完全に覆ったロングテール仕様のリアカウルを装着して走ったことから、大きな注目を集めた。この新形状のリアカウルについては、シ

タルガ・フローリオに出場した4台の33のうち、最も健闘を見せたアダミッチ／ローラン（写真）組のマシーン。だが、3位にいた時、この年のアルファのアキレス腱ともいえたサスペンションを破損してリタイア。(ACTUALFOTO)

ーズン後半のムジェッロの項で詳しく述べる。

　注目のタイムは、アダミッチが3分56秒7をマークして参加車中10位、2ℓクラスではワークス・ポルシェ勢を抑えてトップという好結果であった。といっても、ワークス・ポルシェが送り込んだ新型の907は明らかに熟成が不足しており、トラブルが続出したためタイムが伸びなかったもので、単純に喜ぶわけにはいかなかったが。

タルガ・フローリオ
（1967年5月14日）

　テストデイの後、選手権のかかったレースとしてモンザとスパの2つの1000kmレースがあったが、アルファはどちらのレースにも姿を見せなかった。わざわざアメリカまで遠征しながら、地元モンザでのレースをパスしたことは不思議といえば不思議だが、欠場の理由は不明である。ただ、モンザとスパはどちらも小排気量マシーンには不利な高速コースでのレースであったのに対して、狭く曲がりくねった公道を用いるため、小排気量マシーンにもチャンスがあり、また戦前からアルファとは何かと縁の深かったタルガ・フローリオを重要視したのではないかとも考えられる。

　ともあれ、ティーポ33の次の出番は5月中旬にシシリー島で開催されるタルガ・フローリオということになった。2戦を欠場したことで準備に充分な時間をかけられたためか、前年に記念すべき50回目を迎えたこの伝統あるイベントに、アルファは4台のティーポ33を送り込む力の入れようを見せた。出場したのは以下の顔ぶれである。

33 (1967)

⑰ A.D.アダミッチ／ジャン・ローラン組
⑲ ヨアキム・ボニエ／ジャンカルロ・バゲッティ組
⑲ N.ギャリ／イグナツィオ・ギュンティ組
⑳ "ゲキ"（本名ジャコモ・ルッソ）／
　　ニーノ・トダーロ組

　このうち、ボニエはスウェーデン人のベテランで、63年のこのレースで優勝した実績を買われてのスポット契約、またローランはフランス人のラリードライバーで、公道レースということから抜擢されたものだった。それ以外の新顔の4人は、当時アルファが若手のイタリア人ドライバーを積極的に起用する方針に沿ったものである。

　当時のタルガは排気量の小さい順に1台ずつスタートする方式が採用されていたため、予選にあたるものは行なわれなかったが、公式練習ではアダミッチが38分46秒4という好タイムをマークして、フェラーリ330P4やポルシェ910などに次ぐ6位につけた。

　しかし、この公式練習でティーポ33にはサスペンションのトラブルが相次いだ。2台がフロントサスペンションのアッパーアームの破損に見舞われたのである（その前の非公式練習でも1台に同じトラブルが発生したとする資料もある）。問題のアッパーアームは、軽量化の狙いから鋼板を溶接して製作されたものだったが、これがタルガのラフな路面に耐えられなかったのである。しかも、レースの本番までに根本的な対策を講じるだけの時間がなく、アームが破損しても車輪が脱落しないよう、アームとアップライトをワイヤで結ぶという泥縄な対策を講じるのが精一杯だった。

　決勝は、GTクラスから排気量の小さい順に、20秒間隔で1台ずつスタートが切られた。1周目は競争力で圧倒的に勝るフェラーリP4が予想どおり首位に立ち、2台のポルシェが続く。アルファ勢は、アダミッチが7位、ギャリが11位。2周目に入ると、フェラーリP4をはじめ上位陣がトラブルなどで相次いで脱落・後退したことから、アダミッチが一気に3位まで浮上した。しかしこの周、ボニエ組のマシーンに懸念されていたフロント・サスペンションのトラブルが発生し、アルファ勢で最初に姿を消してしまう。

　アダミッチ組はその後も快調な走りで3〜4位をキープしていたが（3周目には一時2位を走る）、ギャリ組は点火系の不調によるミスファイアでペースが上がらず、14位前後まで後退してしまう。8周目、11位にいた"ゲキ"組がコースアウト。何とかピットまでたどり着いたものの、エンジン下側のオイルサンプにダメージを負っており、2台目のリタイアとなった。そしてその直後、アルファ陣営をさらなるショックが襲う。3位を走っていたアダミッチ組のマシーンもボニエ組に続いてフロント・サスペンションの破損に見舞われ、これまたリタイアに追いやられたのである。

　レースは、ワークス・ポルシェの910が表彰台を独占するという結果に終わった。アルファ勢では、ただ1台生き残ったギャリ組が何とか最後まで走り続け、最終的に9位まで順位を上げたが、規定時間内にチェッカーを受けられなかったため、完走とは認められなかった。こうしてティーポ33にとって最初のタルガ挑戦は、散々な結果で幕を閉じた。

ニュルブルクリング1000km
（1967年5月28日）

　タルガから2週間後、ドイツ・ニュルブルクリングで開催された1000kmレースにもアルファは姿を見せた。マシーンは基本的にタルガの出場車と大きな違いはなかったが、タルガでトラブルが続出したフロント・サスペンションについてはも

ニュルブルグリンクを走るアダミッチ（写真）／ギャリ組の33。ブレーキングのせいでマシーンが前傾している。識別にストライプが用いられたのはこのレースだけのようだ。（EdF）

ちろん強度アップが図られていた。出場したのは以下の顔ぶれの3台である。
⑳ A.D.アダミッチ／N.ギャリ組
㉑ "ゲキ"／G.バゲッティ組
㉒ R.ブッシネロ／T.ツェッコリ組

　予選では、ドライバーたちがこの難コースに対して経験不足だったこともあり、最上位のアダミッチでも9分9秒6で11位という順位に留まった（しかもタイムを記録した直後にこのコース名物のジャンピングスポットでコースアウトしてしまうが、幸いマシーンのダメージは軽微）。他の2台は、ブッシネロ組が9分32秒0で14位、"ゲキ"組が9分38秒3で16位。これに対して、地元だけにこのコースを熟知するポルシェ勢は、ワークスから出場した6台の910が全車9分を切る好タイムをマークし、レース前からアルファの苦戦は目に見えていた。

　その予想どおり、レースはスタート直後からワークス・ポルシェ勢がトップグループを形成する展開となる。一方アルファは、1周目こそアダミッチが6位、ブッシネロ組も7位につけていたが、その後どちらも徐々に順位を下げ、4周目にはアダミッチ組は10位まで後退した。しかもこの周、13位前後にいた"ゲキ"組がギアボックスを壊して早くもリタイアとなる。

　レースの4分の1が経過した11周目の順位は、アダミッチ組が9位、ブッシネロ組は11位。しかし、アダミッチ組は18周過ぎにまたもやフロントのサスペンションが破損（強化したにもかかわらず！）、リタイアへと追い込まれる。残るは8位を走っていたブッシネロ組の1台だけとなったが、2人のドライバーのタイムが遅かったことから、アルファ陣営はリタイアしたアダミッチとギ

33 (1967)

ャリの2人をこのマシーンへとコンバートした。この判断は見事効を奏した。マシーンを乗り換えた2人はその後着実に順位を上げて行き、結局4台のワークス・ポルシェ勢に次ぐ5位でチェッカーを受けて、アルファに初のチャンピオンシップ・ポイントをもたらしたのである。

サーキット・オブ・ムジェッロ
（1967年7月23日）

ニュルブルクリングの後も、選手権はメインイベントのルマン24時間と英国ブランズハッチで行なわれるBOAC500マイルの2戦が残っており、アルファはどちらのレースにもティーポ33をエントリーしていたが、結局2戦とも姿を見せなかった。ルマンについては、それまでの戦いぶりから考えて、24時間の長丁場を走り切ることは難しかったと思われるので、妥当な判断だろう。結局ティーポ33がこの年のマニュファクチュアラーズ・チャンピオンシップに出場したのはわずか3戦に終わった。

といっても、67年にティーポ33が出場したレースは、これですべてというわけではなかった。ノンチャンピオンシップ・レースやヒルクライムにも出場したからである。中でも67年のティーポ33を語る上で落とせないのが、7月23日にフィレッツェ近郊で開催されたノンチャンピオンシップ・レース、サーキット・オブ・ムジェッロである。

このレースがなぜ重要かというと、ボディスタイリングが大幅に変更されたティーポ33が出場したからである。ただ、これが初登場というわけではなく、4月のルマン・テストデイに姿を見せたロングテール仕様の改良型だったのだが。

マシーン説明の項で述べたように、ティーポ33は当時の主流であったクーペボディではなく、オ

バロッコでのテスト時の写真。シーズン中盤に撮影されたものと推測される。車は、左がジュリア・スプリントGTA、右は33のムジェッロ仕様。ドライバーは左から"ゲキ"、ブッシネロ、エンリコ・ピント、ツェッコリ、ギュンティと思われる（右端は不明）。

ムジェロに出場した33の改造型。テスト時の写真と比べても、ラジエターのエアインテークが拡大されるなどの違いが見受けられる。リアカウルの左右にエアインテークが追加されているが、これはリアブレーキの冷却用か？（ACTUALFOTO）

ープンボディを採用していたが、案の定、空気抵抗が大きいことがすぐに明らかになった。そこで空力性能の改善を図るべく、縮尺40%のスケールモデルが製作され、風洞実験が行なわれた。そして、リアカウルをロールバーまで完全に覆った形状に変更することで、空気抵抗係数はオリジナルの0.49から0.44に向上することが明らかになり、実際にこの形状のリアカウルを装着して走らせたところ、マシーンの挙動は大幅に改善した。この新しいリアカウルを装備したマシーンが、初めて実戦に投入されたのである。

　出場したのは以下の顔ぶれの3台。
⑯コリン・デイヴィス／スパルタコ・ディーニ組
㉖A.D.アダミッチ／N.ギャリ組
㉝ルシアン・ビアンキ／I.ギュンティ組

　このうち、デイヴィスは元ポルシェのワークスドライバーでスポット契約。ビアンキはベルギー人のベテランで、これ以降もしばしばティーポ33のステアリングを握ることになる。
　ムジェロといえば、現在ではF1のテストなどに使われるサーキットを思い浮かべる方もおられるだろうが、ここでいうムジェロのコースは現在とはまったくの別物、フィレンツェ北部の公道を閉鎖して造られた1周66.2kmの恐ろしく長いコースで、レースはこのコースを8周するという、タルガ・フローリオによく似たものであった。
　タルガ同様、このレースも予選はなかったが、公式練習ではワークス・ポルシェの910やプライベートのフェラーリ412Pが上位を占めた。これに対してアルファ勢は、タイヤのパンクやステアリングの破損などトラブルが続出し、デイヴィス組が8位、アダミッチ組が10位、ビアンキ組が12位という結果であった（タイムは不明）。
　レースは、まずワークス・ポルシェの910が1、2位を占め、アルファ勢ではビアンキがフォードGTに次ぐ4位につけた。2周目には、アダミッチが3位に浮上、これにビアンキが続く。しかし3周目、デイヴィス組のマシーンがステアリングの不調でペースダウン、ピットに入ってそのままリタイアとなった。
　残る2台のティーポ33は3周を終えたところ

33 (1967)

でピットに入り、燃料補給とドライバー交代を行なった。しかし、アダミッチから交代したギャリのマシーンは、レースに復帰して間もなく、またもやフロント・サスペンションが破損し、コース脇にストップしてリタイアとなった。そしてビアンキ組もやはり4周目にリタイアを喫し（理由は不明）、結局レースの半分も行かないうちにティーポ33は全滅の憂き目に遭い、期待した新形状のリアカウルも何ら効果を証明できずに終わった。

マイナーレースの戦績

67年のティーポ33は、ここまで述べてきたレース以外にもいろいろなイベントに出場している。

まずは当時人気が高かったヨーロッパ・ヒルクライム・チャンピオンシップ。6月4日にドイツのロスフェルトで開催された第2戦にアダミッチとギャリが出場し、アダミッチがワークス・ポルシェの910ベルクスパイダーに次ぐ2位、ギャリも4位となっている（このイベントについては、CG1967年9月号に山口京一氏によるリポートが掲載されている）。また7月16日、イタリアのチェザーナ・セストリエーレにおける第5戦にはギャリが出場（マシーンはムジェッロ仕様）、3位に食い込んだ。

さらに、ヨーロッパ選手権以外のマイナーなヒルクライムにも出場しており、6月25日にシシリー島のモンテ・ペレグリーノで開催されたイベントではギャリが優勝を飾っている。またフランスでは、タルガの出場メンバーのひとりであったジャン・ローランが、7月30日にシャムルッセで開催されたイベントで2位、8月15日のモン・ドーレでは4位となったが、9月17日にパリ近郊のモンレリーでティーポ33をテスト中にクラッシュ、マシーンは炎上し、大火傷を負ったローランが死亡するという悲劇に見舞われた。

この他、イタリア国内のマイナーレースにも2戦出場している（マシーンはどちらもムジェッロに出場したロングテール仕様）。まず9月17日、コッパ・カントーニというレース（詳細は不明）でギャリが2位。そして10月15日にローマ近郊のヴァレルンガで開催されたエットーレ・ベットーヤ・トロフィーでは、アダミッチが優勝、ギュンティが2位となっている。

67年のシーズン中盤にドイツ・ロスフェルトのヒルクライムに出場した33。写真は4位となったギャリのマシーン。当時ヨーロッパに駐在されていた山口京一氏が撮影されたものである。

33/2 1968

生まれ変わった1968年モデル

　参戦１年目の67年シーズン、ティーポ33の戦績は当初の期待とはほど遠いものに終わった。デビューしたベルギーのヒルクライムやシーズン終盤のヴァレルンガなどマイナーなイベントでは勝ったというものの、肝心の世界選手権で入賞したのはニュルブルクリンクの５位の一度だけ。それ以外のレースはほとんどがリタイアという結果だったのだから、失望以外の何物でもなかった。

　67年のマシーンで特に問題となったのは、空気抵抗が大きかったこと、そしてタルガ・フローリオなどで相次いだフロント・サスペンションの破損に象徴される、強度不足による耐久性の欠如の２点であった。そこで68年のティーポ33では、

生まれ変わった68年の33/2。スタイリングはようやく当時のトレンドに追いついた感がある。いささか高さを攻め過ぎたようで、ルーフには最初からドライバーの頭部をクリアするためのバルジ（膨らみ）を備える。

33/2 (1968)

この2点について対策に力が入れられた。

まずは空気抵抗を減らすために、ボディが前年のオープンから、ライバルたちと同じクーペへと変更された(ただしルーフは脱着可能)。そして25％と40％の2種類のスケールモデルを用いて風洞実験が行なわれ、空気抵抗の少ないボディ形状が模索された。また、ルマンのような高速コース用にロングテール仕様も開発されることになり、こうして最終的に決定されたボディの空気抵抗係数(40％モデルの場合)は、標準のショートテール仕様で0.37、ロングテール仕様では0.32と、前年に比べて大幅な向上を見た。

また、67年はフロントに配置されていたラジエターが、68年モデルではエンジンの左右両脇に移されたことも目立った変化であった。これは、空気抵抗の大きな発生源だったラジエターを移動し、ノーズを低めることにより空気抵抗の低減を図ったものというが、おそらくは67年の選手権に出場したシャパラル2FやマートラMS630に刺激を受けたものと思われる。

一新された外観以外の部分については、基本的に前年のマシーンと大きな違いはなかった。例えば、独特の構造のフレームはほぼ前年のままの形で用いられた。ただ、デビュー当時はフレームの内部に直接燃料を貯蔵していたが、やはり燃料漏れが問題となったようで、早い時期に(多分67年のシーズン途中から)ピレリ製のラバーバッグを内部に収容する常識的な方式に変更された。足回りも基本的なレイアウトは前年のものを踏襲していたが、特にトラブルが集中したサスペンションについては、各部の強度を大幅に高めることで耐久性の向上が図られた。

エンジンも基本的には前年の仕様とほとんど変わりなかったが、当然パワーアップが図られた。具体的な数値は資料によってまちまちだが、シーズン前半ですでに260bhp前後は出ていたらしい。

デイトナ24時間
(1968年2月3／4日)

これまでの本シリーズでも何度か書いたように、1968年という年はスポーツカーレースにとってひとつの節目の年だった。レギュレーションが大幅に改定され、それまで無制限だったスポーツ・プロトタイプのエンジン排気量が3ℓ以下に制限されたのである(生産義務50台をクリアしたスポーツカーは5ℓまで可)。

このレギュレーション変更は、結果的にアルファ・ロメオに有利に働いた。2ℓクラスで最大のライバルであったポルシェが、レギュレーション変更を機に総合優勝を狙って開発の主軸を3ℓマシーンに転じたため、アルファにとってクラス優勝のチャンスが増したからである。

この年のマニュファクチュアラーズ・チャンピオンシップは、2月初めのデイトナ24時間で幕が切って落とされた。このレースにアルファは生まれ変わったティーポ33/2を以下のように4台エントリーした。

⑳ニーノ・ヴァッカレラ／ウド・シュッツ組
㉑N.ギャリ／I.ギュンティ組[017]
㉒ジャンピエロ・ビスカルディ／
　マリオ・カゾーニ組
㉓L.ビアンキ／マリオ・アンドレッティ組[015]

前年からのドライバーの顔ぶれの変化としては、エース格だったアダミッチがフェラーリに移籍し、代わりにシシリー島出身のベテランであるヴァッカレラと、ワークス・ポルシェからドイツ人のシュッツが加わった。ビスカルディとカゾーニは若手のイタリア人。また、この年のアルファは、特徴のあるコースを使用するレースにはその

開幕戦のデイトナで最上位の5位でフィニッシュしたヴァッカレラ／シュッツ組の33/2。背後に続くマスタングがいかにもアメリカで開催されたレースという感じを与える。(EdF)

ヴァッカレラ組のピットストップ。ちなみにノーズの識別色は、このヴァッカレラ組が白、ギャリ組が緑、ビスカルディ組が黄、ビアンキ組が青に塗り分けられていた。(EdF)

33/2 (1968)

コースを熟知する地元のドライバーをスポットで起用するという方針を採り、デイトナでは2年連続USACのシリーズ・チャンピオンに輝いていた若手のイタリア系アメリカ人、アンドレッティが抜擢された。

ただ、ギャリ組のマシーンはレース前の練習走行中に突然1輪が脱落、マシーンは引っくり返って大破し、ドライブしていたギュンティも腕を負傷したため、この組はレースへの出場を諦めざるを得なくなった。

予選では、ジョン・ワイア（以下JW）・チームの5ℓスポーツカー、フォードGT40やワークス・ポルシェの907（エンジンは2.2ℓ）が上位を占め、ティーポ33は、ヴァッカレラ組の9位（2分02秒21／2ℓクラス1位）を頭に、ビアンキ組が11位（2分02秒38）、ビスカルディ組が13位（2分02秒73）につけた。

レースの前半は、ワークス・ポルシェの3台の907とJWチームの2台のフォードGT40がトップグループを形成し、3台のアルファは彼らのハイペースについて行けなかったものの、着実なペースで周回数を重ねた。その後フォードが全滅したため、ワークス・ポルシェの907が上位を独占する展開となる。

レースも後半に入ると、アルファ勢にも点火系や燃料噴射などにトラブルが出始めたが、幸い深刻なものではなかったため、順位に大きく影響を及ぼすまでには至らなかった。

レースは結局、ワークス・ポルシェの907の表彰台独占という結果で幕となったが、アルファ勢も、出場した3台すべてが24時間を走り切り、ヴァッカレラ組がフォード・マスタングに次ぐ5位、ビアンキ組とビスカルディ組もそれぞれ6位と7位でフィニッシュした。2ℓクラスでは上位3位を独占するという輝かしい戦果で、しかも最後は3台並んでチェッカーを受けたポルシェの後ろに彼ら3台も続くという派手なフィニッシュシーンを演出し、シーズンオフの努力が無駄ではなかったことを見事証明してみせた。

BOAC500マイル
（1968年4月7日）

アルファは続く第2戦、3月末のセブリング12時間には姿を見せなかった。欠場の理由としては、デイトナから1ヵ月以上のインターバルがあり、改めてアメリカまで遠征する金銭的負担を嫌ったためという説が有力だが、一部の資料では、セブリングに先立ってバロッコで行なわれたテスト中にティーポ33がクラッシュ、ドライブしていたレオ・セラ（本業はラリードライバー）が死亡するという事件があったため、出場を断念したとする記述もある。

その結果、ティーポ33/2の2戦目は英国ロンドン近郊のブランズハッチで開催された選手権の第3戦、BOAC500マイル（実際には6時間レース）ということになった。アルファはこのレースにも以下の3台のティーポ33/2を送り込んだ。

㊷N.ヴァッカレラ／リチャード・アトウッド組
㊸L.ビアンキ／U.シュッツ組
㊹N.ギャリ／G.バゲッティ組

このうちアトウッドは前述のスポット契約のケースに当たり、ブランズハッチのコースを熟知していたことが評価されたものである。

しかし、このレースにおけるアルファはいいところがまったくなかった。予選では、最上位のビアンキ組でも17位（1分41秒8）、ヴァッカレラ組は21位（1分42秒8）、ギャリ組は26位（1分45秒4）と後方に沈んだ。おそらくアップダウンのきついコースにマシーンが合っていなかったのだろう

が、プライベートのポルシェ910やシェヴロンB8といった格下のマシーンにも遅れをとる有様だった。決勝でも、3台のティーポ33はまったくふるわなかった。ギャリ組はレース中ずっとエンジンのミスファイアに悩まされてペースが上がらず、またビアンキ組はレース中盤にコースアウトしてリタイアとなった。残るヴァッカレラ組も、10位を走っていたレース終盤にエンジンのカムシャフトが破損して姿を消した。結局ギャリ組が何とか最後まで走り切ったものの、優勝したフォードGT40から20周遅れの14位というさえない結果に終わった。

ルマン・テストデイ
（1968年4月6／7日）

BOACと同じ週末、ドーバー海峡を隔てたルマンでは、2ヵ月後に控える24時間レースに向けて、恒例のテストデイが開催され、ティーポ33/2も2台が参加した。

1台はアウトデルタのマシーンで、初登場のロングテール仕様であった。ドライバーはツェッコリとビアンキの2人が務め、1日目にビアンキが参加車中6位の3分53秒4を記録した（彼はBOACとのかけ持ちで、走行後ブランズハッチに移動）。

もう1台はベルギーの貴族、カウント・ルディ・ヴァン・デル・シュトラーテンが率いるVDSチームの新車で、チームドライバーのセルジュ・トロッシュが参加車中8位にあたる4分14秒5をマークした。なお、VDSチームはテストデイ以降も、アルファのセミ・ワークス的存在として、世界選手権にレギュラーとして出場することになる。

BOACの舞台となったブランズハッチを走るギャリ／バゲッティ組の33/2。後ろに迫っているのはこのレースを制したJWチームのフォードGT40。（ACTUALFOTO）

33/2 (1968)

2.5ℓエンジンは68年のタルガ・フローリオで初めて実戦に投入された。写真はこれを搭載したヴァッカレラ／シュッツ組の33/2.5。後ろの2ページの写真よりドライバーの頭がはみ出ていることから、ステアリングを握るのは大柄だったシュッツと思われる。

モンザ1000km
（1968年4月25日）

　選手権の第4戦はアルファにとって地元のモンザだったが、アウトデルタは前年に続いて姿を現わさなかった。おそらく、次に控えるタルガ・フローリオに全力を投入すべく、マシーンを温存したものと思われる。

　それでも、VDSチームから㉖グスタフ・ゲスラン／S.トロッシュ組と㉗テディ・ピレット／G.ビスカルディ組の2台のティーポ33/2が出場した。興味深かったのは、2台ともテストデイで初お目見えしたロングテール仕様（テストデイの仕様から後部に左右2枚のフィンを追加）だったこ とで、このことからも彼らが単なるプライベートチームでなかったことがうかがい知れる。

　しかし、このレースもBOAC同様、ティーポ33/2はいいところがまったくなかった。予選は、ピレット組が3分13秒8で13位（2ℓクラスではプライベートのポルシェ910に次ぐ3位）、ゲスラン組は3分17秒5で16位。そして決勝でも、ピレット組は5周しただけでピストンのトラブル、そしてゲスラン組も15周目にオイルを失い、2台とも早々に姿を消してしまったのである。

2.5ℓエンジンの登場

　続く第5戦は、アルファにとってルマンと同等

タルガで6位に入賞したビスカルディ／バゲッティ組の33/2。こちらのドライバーは頭がちゃんとボディ内に収まっている。

の意味を持つ重要なイベント、タルガ・フローリオであった。このレースにはアウトデルタとVDSの2チームから計6台のティーポ33が出場したが、アウトデルタの1台に大きな変化があったのでふれておこう。それは2.5ℓに排気量がアップされたエンジンであった。

　エンジンの排気量アップは、実はアルファ自らのアイデアによるものではなかった。話は前年のシーズン後半に遡る。オーストラリアでアルファの輸入代理店を経営していたアレック・ミルドレンという人物が、当時北半球のシーズンオフにオーストラリアとニュージーランドで開催されていたフォーミュラマシーンによる選手権、タスマン・シリーズに出場しようと考えた。そして67年の後半、ティーポ33のV8エンジンの排気量を、タスマンのレギュレーションで定められていた上限の2.5ℓまでアップした仕様の供給をアウトデルタに依頼したのである。

　そこでアウトデルタは、ボアは78mmのまま、ストロークを52.2mmから64.4mmに伸ばし、排気量を2462ccまで増やしたエンジンを開発した。ストロークの変更に関する部分以外は基本的に2ℓ仕様のままだったが、燃料噴射のメーカーはルーカスからイタリアのスピカに変更された。この2.5ℓ仕様の最高出力は315bhp／8800rpmといわれていた。

　このエンジンは2基が製作されてミルドレンの元へと送られ、ブラバムのシャシーに搭載されて、68年初頭のタスマン・シリーズにフランク・ガードナーのステアリングで出場した。そして開幕戦のニュージーランドGPの2位など、表彰台に3度上る好成績を収めた（ちなみに翌69年にはミルドレン自製のシャシーに搭載され、5月に富士スピードウェイで開催されたJAFグランプリに出場している）。このタスマン・シリーズ用に開発されたエンジンが、ティーポ33でも使用されることになったのである。

タルガでアルファ勢2番手の3位となったビアンキ／カゾーニ組の33/2。それまでの仕様とは異なり、ノーズの上面にオイルクーラー用のエアインテークが設けられている。

タルガ・フローリオ
（1968年5月5日）

　この年のタルガには、アウトデルタとVDSの2チームから計6台のティーポ33が出場した。アウトデルタからは以下の4台。
⑱ G.ビスカルディ／G.バゲッティ組
⑯ N.ギャリ／I.ギュンティ組［017］
⑫ L.ビアンキ／M.カゾーニ組［014］
⑳ N.ヴァッカレラ／U.シュッツ組［015／2.5ℓ］
　またVDSチームからは以下の2台。
⑱ T.ピレット／ロブ・スロートマーカー組
⑱ G.ゲスラン／S.トロッシュ組

　マシーンの変更点としては、それまでラジエターとともに後部に配置されていたオイルクーラーが、低速コースでは冷却に不安があったため、フロントに移された点が挙げられる。また、注目の2.5ℓエンジンは2台のティーポ33に搭載される予定だったが、レースの直前にエントリーされたため、ポルシェから抗議が出され、結局ヴァッカレラ組の1台になったとする資料もある

　このレースのティーポ33は、BOACやモンザの不調が嘘のような素晴らしい走りを見せた。公式練習では、地元出身のヒーロー、ヴァッカレラの駆る2.5ℓマシーンが36分56秒2を記録し、2台のワークス・ポルシェの907に次ぐ3位を占めた（トップのポルシェとはわずか9秒差）。また、2ℓマシーンでは、ギャリ組がクラストップの38分03秒5をマークし、2位のプライベートのポルシェ910とは1分近い差があった。

　決勝は例によって、排気量の小さい順に20秒間隔で1台ずつスタートが切られたが、ワークス・ポルシェの907やヴァッカレラ組のティーポ33/2.5など2ℓ以上のクラスの5台は、なるべくコースがクリアな状態で走れるよう、一旦5分の間隔を空けてから順次スタートして行った。

　1周目の順位は、ポルシェ907の1台が首位に

タルガでアルファ最上位の2位という殊勲を挙げたギャリ（左）とギュンティのコンビ。最後のドライバーを務めたギュンティは2位の喜びより疲労困憊といった感じだが。（EdF）

　立ち、22秒差でヴァッカレラのアルファが続く。2周目、2台の差は28秒。3周が終了したところでヴァッカレラはピットに入り、燃料補給とドライバー交代を行なった。交代したシュッツがレースに復帰した時点で、首位のポルシェとは20秒差。追い上げが期待されたが、シュッツはたった14km走ったところで滑りやすい路面に足をとられて壁にクラッシュ、ヴァッカレラの健闘も空しく、リタイアに追い込まれた。

　5周が終了した時点の順位は、ポルシェ907が依然として首位にいたが、2位にギャリ組、3位にビアンキ組と、ティーポ33/2が浮上してきた。その後、首位のポルシェがドライブシャフトを破損して姿を消したことから、アルファが上位2位を占める展開となり、1950年以来のタルガにおける勝利の可能性も出てきた。

　しかし、結局のところ勝利の女神はアルファには微笑まなかった。公式練習でトップタイムをマークし、優勝候補の筆頭と目されながら、1周目にタイヤのパンクで大きく出遅れたヴィック・エルフォードのポルシェ907が、それまでの記録を1分以上も上回る驚異的なコースレコードを叩き出しながら追い上げてきたのである。こうなると、もはやアルファに勝ち目はなかった。9周目、エルフォードはあっさりアルファ勢を逆転すると、そのままチェッカーを受け、ポルシェに3年連続の勝利をもたらした。

　こうしてアルファの18年ぶりの勝利はならなかったものの、それでもギャリ組が3分差の2位、ビアンキ組も3位でフィニッシュして表彰台に上ったばかりか、ピレット組が5位（VDSチームのもう1台は序盤にサスペンションのトラブルでリタイア）、そしてビスカルディ組も6位と、ティーポ33は前年とは対照的に素晴らしい成績を収め、そのポテンシャルの高さをアピールしてみせたのだった。

33/2 (1968)

ニュルブルクリングを走るビアンキ／シュッツ組の33/2.5。ドライバーはこれまたシュッツで、頭がボディからはみ出ている。マイナートラブルのせいで、レースでは10位に留まった。(EdF)

ニュルブルクリング1000km
(1968年5月19日)

タルガの好成績で勢いづいたアルファは、続く第6戦のニュルブルクリングにも、アウトデルタとVDSの2チームから以下の5台のティーポ33を出場させた。

◎アウトデルタ
⑤L.ビアンキ／U.シュッツ組[015／2.5ℓ]
⑮N.ヴァッカレラ／ヘルベルト・シュルツ組
⑯N.ギャリ／I.ギュンティ組[017]
◎VDSチーム
⑱G.ゲスラン／S.トロッシュ組
⑲T.ピレット／R.スロートマーカー組

なお、ヴァッカレラ組とギャリ組の2台のエントリーは、アウトデルタではなく、アルファ・ドイッチェランド（アルファの輸入代理店か？）から

とされていた。またヴァッカレラと組むシュルツは、50年代後半からニュルブルクリングのレースに数多く出場してきたドイツ人のベテランで、この難コースを熟知しているという点から、アンドレッティやアトウッド同様抜擢されたものらしい。

予選では、シュッツが2.5ℓマシーンで8分42秒2をマークし、ワークス・ポルシェの3ℓマシーン、908（2台）とJWチームのフォードGT40に次ぐ4位、以下ヴァッカレラ組が7位（8分55秒7）、ギャリ組も8位（8分56秒2）とアウトデルタ勢は好位置につけたが、VDSの2台は、ピレット組が18位（9分22秒9）、ゲスラン組は33位（9分51秒3）と、後方グリッドからのスタートとなった。

レースの序盤は、ワークス・ポルシェの4台（908と907が2台ずつ）が上位を占め、これをJWチームのフォードGT40とアルファ勢が追う展開で進行した。アルファ勢で最も期待されたビアンキ組の2.5ℓマシーンは、5周目には5位に上が

ニュルブルクリングで撮影された当時のアウトデルタのドライバーやスタッフ。左側からブッシネロ（前年限りでドライバーを引退、この年はチームマネジャー）、ヴァッカレラ（サングラスの人物）の向うにキティ。右側からはシュッツ、ビアンキ、ギャリ、そして下を向いているのがギュンティ。(EdF)

りながら、その後オルタネーターの駆動ベルトが切れ、バッテリーの交換を繰り返したために後退、またヴァッカレラ組もリアカウルの取り付けが緩むトラブルなどで順位を下げた。

レースはポルシェの908が初優勝を飾り、アルファ勢ではギャリ組が健闘して5位でフィニッシュ、2ℓクラスの優勝を勝ち取った。トラブルで遅れたビアンキ組とヴァッカレラ組は7位と10位。そしてVDSチームの2台は、ゲスラン組が13位、ピレット組は電気系のトラブルのせいで29位に終わった。

スパ・フランコルシャン1000km
（1968年5月26日）

続く第7戦のスパは、ニュルブルクリングからわずか1週間後と間隔が短かったせいか、アウトデルタは姿を見せなかったが、VDSチームはここがホームコースだけに、⑰T.ピレット／R.Sロートマーカー組と⑯G.ゲスラン／S.トロッシュ組のいつもの2台を出場させた。予選の結果は、ゲスラン組が4分03秒1で14位（2ℓクラスではプライベートのポルシェ910に次ぐ2位）、ピレット組が4分04秒5で16位。

強い雨の中でスタートしたレースでは、上位陣の脱落にも助けられて2台のティーポ33が一時4位と5位まで浮上したが、その後2台とも雨に濡れた点火系が不調となって大幅にペースダウン、結局ピレット組が優勝したJWチームのフォードGT40から12周遅れの12位、ゲスラン組も14周遅れの16位という結果に終わり、2ℓクラスの優勝はプライベートのポルシェ910にさらわれてしまった。

オーストリアGP
（1968年8月25日）

スパの次の選手権レースは、6月末のルマン24

33/2 (1968)

時間の予定だったが、フランス国内の政情不安の影響で9月末に延期された。その結果、7月中旬にアメリカの東海岸で開催されるワトキンズ・グレンが第8戦として開催されたが、アウトデルタ、VDSのどちらもこのレースへの出場は見送った（ちなみに地元アメリカのティーポ33/2が1台出場したが、エンジントラブルでリタイア）。

アウトデルタは続く第9戦のオーストリアGPにも姿を見せなかった。おそらくは1ヵ月後のルマンの準備で忙しかったためだろうが、VDSチームは⑥T.ピレットと⑧S.トロッシュの2台を出場させた（500kmのスプリントのためドライバーは1名）。なお、ピレットのマシーンにはワークスから貸与された2.5ℓエンジンが搭載されていた。

予選の結果は、ピレットが1分07秒34で7位、トロッシュは1分10秒82で14位。そして決勝では、ピレットが健闘して2台のポルシェ908とフォードGT40に次ぐ4位でフィニッシュしたが、トロッシュはスピンなどで遅れ、12位に終わった。

サーキット・オブ・ムジェッロ
（1968年7月28日）

68年のシーズン中盤、ティーポ33は世界選手権だけでなく、イタリア国内で開催された3つのノンチャンピオンシップ・レースにも出場し、すべてを制するという好成績を残しているので、紹介しておこう。

まずは6月2日、ヴァレルンガで開催されたコッパ・ブルーノ・キャロッティというレースにアウトデルタからギャリが出場し、優勝を飾っている。また7月28日には、アルファにとって前年の惨敗の記憶がまだ残るサーキット・オブ・ムジェッロが開催され、アウトデルタとVDSから以下の6台のティーポ33/2が出場した。

◎アウトデルタ
③L.ビアンキ／N.ヴァッカレラ組
⑦N.ギャリ／I.ギュンティ組
⑮G.ビスカルディ／カルロ・ファチェッティ組
㉒M.カゾーニ／S.ディーニ組
◎VDSチーム
①T.ピレット／T.ツェッコリ組
⑳R.スロートマーカー／S.トロッシュ組

このレースには、ポルシェのワークスチームこそ姿を見せなかったが、ワークスドライバーのジョー・シフェールやヴィック・エルフォードらがプライベートチームの910で出場していた。

前年の雪辱を狙うアルファ陣営は、レース前に現地で徹底的な走り込みを実施し、その甲斐あって公式練習ではギャリが31分14秒9のトップタイムをマークしたばかりか、カゾーニが31分38秒4で2位、ビアンキも32分8秒6で3位と、上位を独占した（ちなみにポルシェ勢のトップはシフェールの32分9秒2）。

レースの序盤は、ワークスドライバーの意地を見せたシフェールのポルシェ910が首位に立ち、これをビアンキとギャリのアルファが追う展開となった。3周目、2位に60秒以上の大差をつけたシフェールはピットインして、パートナーのリコ・シュタイネマン（翌69年にはワークス・ポルシェのチーム監督に就任）に交替するが、速さの点でシフェールに大きく劣るシュタイネマンは2周する間にせっかくの貯金を使い果たしてしまい、代わってビアンキ組のアルファが首位に立った。

ここでアルファ陣営は、レース後半のシフェールの追い上げを予想して、チーム内でこのコースを最も得意としていたギャリをビアンキ組のマシーンにコンバートするという手に出た。結局この慎重策が功を奏し、ビアンキ組のマシーンはその後も首位の座をキープし続けた末に、ティーポ33

としては初のビッグレースでの勝利を挙げたのだった。もっとも、他のティーポ33はクラッシュなどでいずれも姿を消し、優勝した組以外で生き残っていたのは、5位となったVDSチームのスロートマーカー組の1台だけであった。

イモラ500km
（1968年9月15日）

ムジェッロの次にティーポ33が出場したノンチャンピオンシップ・レースは、9月15日にイモラで開催された500kmレース（別名シェル・カップ）。このレースにはアウトデルタから以下の3台が出場した。
①N.ギャリ／I.ギュンティ組［017］
②M.カゾーニ／S.ディーニ組
③N.ヴァッカレラ／T.ツェッコリ組［029］

このレースもアルファ以外のワークスチームは出場しなかったため、予選ではギャリ組が1分44秒7でポールポジションを奪い、カゾーニ組が1分46秒3で2位、ヴァッカレラ組も1分46秒9で3位と、上位を独占した。

そして決勝でも、唯一の対抗馬と見られたプライベートのポルシェ910（ドライバーのひとりはワークス・ポルシェのエルフォード）がリタイアした後はアルファの一人舞台となり、3台の間で頻繁に順位を入れ替えた末に、ヴァッカレラ組が優勝、以下ギャリ組、カゾーニ組と、アルファが表彰台を独占してみせた。

ルマン24時間
1968年9月28／29日

前述のように、この年のルマンはいつもの6月から9月末に延期され、マニュファクチュアラーズ・チャンピオンシップの最終戦として開催された。前年は出場を見送ったアルファも、開幕戦のデイトナにおける好成績で証明されたように、今や耐久性に万全の自信を備えたティーポ33を擁

ルマンで5位となったファチェッティ／ディーニ組の33/2。ノーズ中央の識別色は黄色。テストデイ時のロングテール仕様から、後端上面に左右2枚のフィンが追加されている。（BC）

こちらはアウトデルタから出場した4台の中で唯一のリタイアとなったヴァッカレラ／バゲッティ組。ノーズの識別色は白。ちなみに残る2台は、ギャリ組が緑、カゾーニ組が青であった。（ACTUALFOTO）

して、サルト・サーキットへと乗り込んできた。

出場したのは以下の6台。マシーンはすべてロングテール仕様で、エンジンについては、耐久性の点でまだ不安の残る2.5ℓ仕様の投入は見送られ、全車2ℓ仕様を搭載していた。

◎アウトデルタ
㊳C.ファチェッティ／S.ディーニ組[018]
㊴N.ギャリ／I.ギュンティ組[017or024]
㊵M.カゾーニ／G.ビスカルディ組[026]
㊶N.ヴァッカレラ／G.バゲッティ組[022]

◎VDSチーム
㊲T.ピレット／R.スロートマーカー組[020]
㊿S.トロッシュ／カール・フォン・ヴェント組[012]

予選では、大挙出場した3ℓプロトタイプや5ℓスポーツカーが上位を占め、排気量でハンディのあるアルファは、最上位のヴァッカレラ組でも3分53秒6の14位に留まった（それでも2ℓクラスではトップ）。以下、ギャリ組が17位（3分54秒1）、ファチェティ組が21位（3分57秒0）、ビスカルディ組が23位（3分57秒4）と続く。VDSチームは、ピレット組が4分11秒6で33位、トロッシュ組は4分15秒2で35位からのスタートとなった。

レース前、アウトデルタの上層部は作戦会議を開き、ギャリ組が序盤からハイペースで飛ばしてトップグループについて行き、残りのマシーンは自分たちのペースを守って走るという作戦を立てて本番に臨んだ。

開催日時が変わったため、例年より1時間早い午後3時、ウェット・コンディションの中でスタートした決勝では、作戦どおりギャリ組がレース序盤、ワークス・ポルシェ勢に次ぐ6位前後という好位置につけた。だが、トロッシュ組はわずか7周だけでエンジンのコンロッドを折り、アルファ勢で最初に姿を消した。

レースの4分の1が経過した6時間目の順位は、孤軍奮闘するギャリ組が5位、また上位陣の中から脱落者が出始めたため、残りのティーポ33/2も徐々に順位を上げ、ヴァッカレラ組が9位、ファチェッティ組が10位まで浮上してきた。

9時間目、ギャリ組は4位に、そしてヴァッカレラ組が6位、カゾーニ組が7位、ファチェッティ組が8位と、それぞれ順位を上げていたが、後方で低迷していたピレット組がドライブシャフトを破損してリタイアとなり、これでVDSチームは全滅した。また11時間を過ぎたところで、ヴァ

ッカレラ組が燃料ポンプのトラブルで姿を消し、ワークスの一角が崩れた。

　ギャリ組はその後も快調なペースで走り続け、上位陣の脱落・後退にも助けられて、レースも半分を過ぎた13時間目には、何と首位を走るJWチームのフォードGT40に次ぐ2位まで浮上した（といっても6周近い差があったが）。残りのティーポ33も、ファチェッティ組が7位、カゾーニ組が8位を走っている。

　レース後半、ギャリ組はマートラの3ℓマシーンと2位争いを繰り広げたが、残り4時間を切った2日目の午前11時過ぎ、右後ろのサスペンションのスプリング・ダンパーユニットが不調となり、ピットに入って修理に30分以上を費やしたため、5位へと後退を余儀なくされてしまう。もっとも2位の座を安泰なものとしたはずのマートラも、それから間もなく他車の事故のせいでタイヤのパンクに見舞われ、リタイアに追い込まれたため、ギャリ組は4位に繰り上がった。

　レースは、前半から終始リードし続けたJWチームのフォードGT40が優勝、以下プライベートのポルシェ907、ワークスのポルシェ908と続く。そしてアルファ勢も、ギャリ組が4位、ファチェッティ組が5位、カゾーニ組が6位でフィニッシュ、2ℓクラスの上位3位を独占するという素晴らしい戦果を挙げた。ただ、終盤のサスペショントラブルさえなければ、ギャリ組は2位でフィニッシュした可能性が高かっただけに、それだけが惜しまれる結果ではあった。

　この年、着実にポイントを積み重ねたアルファは、チャンピオンシップのコンストラクター部門でフォードとポルシェに次ぐ3位という輝かしい結果を残した。ポルシェが3ℓクラスに移行したことで、2ℓクラスに強力なライバルがいなかった

ということに助けられた部分があったものの、2つの24時間レースでの好成績が示すように、シーズンオフの彼ら自身の努力によってマシーンの耐久性が飛躍的に向上したことが、成績の大幅アップにつながったことは疑いようのない事実である。

VDSチームの戦績

　以上が、68年シーズンにアウトデルタから出場したティーポ33の全成績であるが、VDSチームについては、他にも多くのレースに出場しているので、以下に成績を簡単にまとめておく（表記のないマシーンは2ℓ仕様）。

◎6月30日：ドイツのノリスリングで開催されたニュルンベルグ200マイルでピレット(2.5ℓ)が5位。

◎7月7日：オランダのザントフールトで開催されたベネレックス・カップでピレットが優勝、スロートマーカーが2位。

◎7月14日：ベルギーのノースシー・トロフィー（コース名は不明）でピレットが1位、ゲスランが2位。

◎8月11日：スウェーデンのカールスコーガで開催されたスウェーデンGPでピレットが4位（2.5ℓ）、スロートマーカーが6位。

◎8月18日：ドイツのウンスドルフで開催されたレースでピレットが6位、スロートマーカーが12位。

◎9月15日：ドイツのホッケンハイムで開催されたレースでピレット(2.5ℓ)が4位。

◎10月13日：フランスのモンレリーで開催されたパリ1000kmにピレット／スロートマーカー組(2.5ℓ)が出場するが、エンジントラブルによりリタイア。

◎11月9日：南アフリカのキャラミで開催されたレースにピレット／スロートマーカー組とトロッシュ／ヴェント組の2台(2.5ℓ)が出場するが、どちらもリタイア。

33 1967

ティーポ33にとってデビューイヤーの1967年、タルガ・フローリオの山道を駆け抜けるアダミッチ／ローラン組のマシーン。(EdF)

シーズン中盤のムジェッロのピット前に並んだティーポ33の改造型。最も変わったリアカウルが、細部を見られるのを怖れてか、布で隠されていて分かりにくいのが残念。ヘッドライトやラジエターのエアインテークも変更を受けている。(ACTUALFOTO)

33（フレロン・タイプ／1967年）

K.HIGAKI

1967年5月28日のニュルブルクリンク1000kmで5位に入賞したロベルト・ブッシネロ／テオドール・ツェッコリ／ツェッコリ／アンドレア・デ・アダミッチ／ナンニ・ギャリ組のティーポ33。この年、世界選手権でT33が入賞したのはこの一度だけに終わった。デビューイベントの名前にちなんで、このタイプを"フレロン"と呼ぶ向きもある。

K.HIGAKI

33（ムジェッロ・タイプ／1967年）

1967年7月23日のサーキット・オブ・ムジェッロに出場したルシアン・ビアンキ／イグナツィオ・ギュンティ組の33の改造型。このタイプは当然"ムジェッロ"と呼ばれる。出場した3台の間でも、ラジエターのエアインテークの形状など、細かな違いがあったようだ。

33/2 1968

上：68年の開幕戦デイトナを走る33/2。写真は出場した3台の中で最上位の5位でフィニッシュしたヴァッカレラ／シュッツ組。後ろに市販車の改造マシーン（左がフォード・マスタング、右がシヴォレー・コーヴェット）が続いているのがアメリカのレースらしい。

下：この年のルマンで大健闘、4位に食い込んだギャリ／ギュンティ組の33/2。ヘッドライトがまだカバーされていることから、1日目の早い時間に撮影されたものだろう。左端に見えるのはワークス・ポルシェから出場した3ℓマシーンの908である。

33/2（ショートテール／1968年）

K.HIGAKI

1968年9月15日、イモラで開催された500kmレースに優勝した二ノ・ヴァッカレラ／テオドール・ゼッコリ組の33/2。古めかしい印象を与えた67年モデルに対して、ようやくスタイリングが時代に追いついたといえるだろう。このモデルは"デイトナ"とも呼ばれる。

33/2（ロングテール／1968年）

K.HIGAKI

1968年9月28／29日のルマン24時間で4位となり、プロトタイプの2ℓ以下のクラスで優勝を飾ったナンバー。ギャリ/イグナツィオ・ギュンティ組のロングテール仕様。同じロングテールでも、ポルシェの907や908の流麗なラインとは対照的な印象を受ける。

69年のセブリング12時間でデビューした3ℓマシーン、33/3。さすがに2ℓマシーンよりも迫力のあるスタイリングとなっている。しかし、直後に発生した死亡事故でその運命は大きく狂わされることになった。

33/3 1969

69年のタルガ・フローリオでは、アウトデルタから出場した2台が全滅、このプライベート・エントリーのアルベルティ/ピント組の33/2が5位となったのがアルファ勢では最高の成績であった。(EdF)

33/3 1970-71

1970年の第2戦セブリングでピット前に置かれた33/3。写真はアルファ勢で最上位の3位でフィニッシュしたグレゴリー／ヘゼマンズ組のマシーン。前ページの1年前のマシーンと比べると、非常に洗練されたものへと生まれ変わっている。

右ページ下：1971年の第4戦、ブランズハッチで開催されたBOAC1000kmで、世界選手権における初勝利をアルファ・ロメオにもたらしたアダミッチ／ペスカローロ（写真）組の33/3。

71年のセブリングでピット前のストレートを駆け抜けるシュトメレン／ギャリ組の33/3。レース中盤首位に立ち、その後追い上げてきたポルシェ917に抜かれたとはいえ、2位に食い込む大健闘を見せた。

71年のタルガ・フローリオでスタートを待つ2台の33/3。右側のヴァッカレラが最初にスタートを切り、その15秒後に左側のアダミッチが続くという方式であった。ヴァッカレラの後ろにはシュトメレンも控えているはずである。

33/3 1971

このレースで見事優勝を飾ったヴァッカレラ／ヘゼマンズ組のピットストップ。熱のこもったピットワークの雰囲気がひしひし伝わってくる一枚。（EdF）

71年のタルガで2位となり、アルファに1−2フィニッシュをもたらしたアダミッチ／レネップ（写真）組の33/3。レース前半には競争相手のポルシェ908/03を抑えることで、チームメイトの優勝に貢献した。

33/3 (1971年)

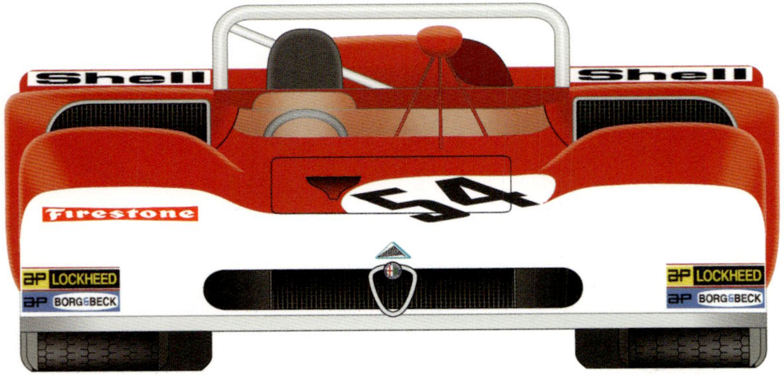

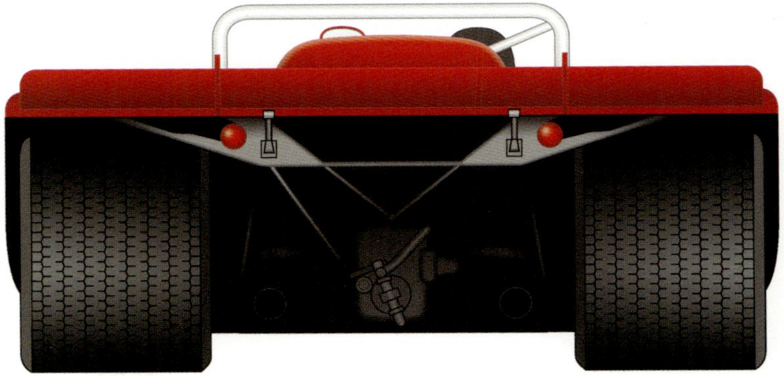

K.HIGAKI

1971年4月4日のBOAC1000kmで優勝したアンドレア・デ・アダミッチ/アンリ・ペスカロロ組の33/3。当時アルファのエース格であったアダミッチの乗るマシーンは、ノーズがこのように白に塗られることが多かった。

71年のタルガ・フローリオで初めて姿を見せた新型マシーン、TT3。結局この年は一度も実戦を経験することなく終わった。凹凸を極力排除したそのスタイリングは、美しい反面、物足りなさも感じさせる。

前方から見たTT3。翌72年の実戦に投入された仕様と比較すると、ノーズの形状などが微妙に異なっている（55ページの写真と比較されたい）。コクピットに座るのはヘルメットのカラーリングから見てカルロ・ファチェッティらしい。（EdF）

33TT3 1972

72年のタルガ・フローリオで、フェラーリと熾烈な首位争いを繰り広げながら、惜しくも勝利を逃したマルコ（写真）／ギャリ組のTT3。不振に終わったこのシーズンで、アルファにとってのベストレースであったことは間違いない。（EdF）

この年のルマンを走るエルフォード／マルコ（写真）組のTT3。上のタルガのマシーンと比較すると、後端のスポイラーが姿を消し、左右にフィンが追加されている。よく見ると、リアカウルの最後尾が110ページのマシーンと同じく下がっているのがわかる。（ACTUALFOTO）

33TT3 (1972年)

K.HIGAKI

1972年5月21日のタルガ・フローリオにおいて、フェラーリ312PBと熾烈な首位争いを繰り広げた末に、惜しくも2位に終わったルムート・マルコ/ナンニ・ギャリ組の33TT3。

33/3
33TT3

第2章

3ℓ V8エンジン時代

1969——1972年

2ℓクラスを制したアルファは69年、目標をいよいよ
総合優勝へと転じ、3ℓクラスにステップアップする。
しかし、デビュー直後に発生した死亡事故でつまずき、
さらに5ℓスポーツカーの台頭で目標の総合優勝からも遠ざけられた。
71年には3ℓクラスの頂点に立ったものの、
チャンピオンの最有力候補と見なされた72年には
再び低迷してしまう。波乱万丈の4シーズンをたどる。

33/3 1969-1971

33/3 (1969)

●1969年

総合優勝を目指して──33/3の開発

　69年シーズン、アルファ・ロメオはスポーツカーレースにおける方針を大きく転換する。ポルシェの後を追ってクラス優勝から総合優勝にターゲットを転じ、3ℓクラスへのステップアップに踏み切ったのである。そして新たな目標に向け、ティーポ33/3と呼ばれる3ℓマシーンが開発された。

　エンジンは完全な新設計の90度V型8気筒である。ボア・ストロークは86×64.4mm、総排気量は2998cc。動弁系は、2ℓ仕様と同じDOHCながら、1気筒当たりのバルブ数が2本から4本へと増やされ、カムシャフトの駆動もチェーンからギアに変更された。燃料供給はそれまでと同じく機械式燃料噴射だが、2.5ℓ仕様でスピカに変更されたメーカーがルーカスに戻された。点火系もそれまでと同じくマレリ製だったが、バッテリー式から"ディノプレックス"と呼ばれるCDI方式へと進化した。圧縮比はそれまでと同じ11.0：1で、最高出力は400bhp／9000rpmと発表されていた。ギアボックスも新設計の5段仕様に変更されたが、初期にはそれまでの6段仕様を改造して使用したらしい。

　車体関係も大きく様変わりを遂げた。シャシーは、2ℓ／2.5ℓ仕様の個性的な構造のものから、アルミ合金製のモノコックへと変更された。ただし、完全なモノコックではなく、スペースフレームにアルミ合金パネルをリベット留めしたセミ・モノコックとする説もあり、正確なところは不明

バロッコで撮影された33/3の1号車。33/2に比べてボリューム感満点のスタイリングだが、シーズン後半に登場する33/3は贅肉が削ぎ落とされて、もっと引き締まった姿となる。

33/3の後部に搭載された3ℓ・V8エンジン。左端に見える、L字形のエアインテークに合わせて継ぎ接ぎされたラジエターが興味深い。その後ろは、2ℓ仕様ではマシーンの最後尾にあったオイルタンク。

69年春、コース脇にまだ雪が残るバロッコでテストを繰り返す33/3。ステアリングを握るのは例によってツェッコリ。

69年のセブリングでデビューを果たした33/3。今まさに乗り込もうとしているのはアダミッチ。その後ろにビアンキの顔も見える（1週間後のルマン・テストデイで事故死するのだが）。ピットウォールに腰かけているのはカゾーニと思われる。（BC）

である。

　ボディは、前年のクーペからオープンへと戻された（1台だけクーペ仕様も製作されたが）。これは、スポーツ・プロトタイプのレギュレーションが変更され、それまで定められていたウィンドスクリーンの最小寸法が緩和され、また最低重量が廃止されたことにより、クーペの方が有利という判断がなされたためである（ポルシェも同様に前年のクーペをオープンに改造）。車重は700kgと発表されていた。

　なお、足回りは基本的に2ℓ仕様のレイアウトを踏襲していたが、負荷の増加に対応して、各部にわたって強度アップが図られたものと思われる。

　また、それまでの左ハンドルから右ハンドルに変更された。ポルシェでも前年の907で同じ変更を実施しており（理由は多くのサーキットが時計回りで、視界や車輪荷重の点で右の方が有利なため）、アルファもこれに倣ったものと思われる。

セブリング12時間
1969年3月22日

　69年のマニュファクチュアラーズ・チャンピオンシップは2月初めのデイトナ24時間で幕を開けたが、マシーンの準備が間に合わなかったため、アウトデルタはこのレースへの出場を見送った。そして3月4日、ローマ近郊のヴァレルンガにおいて33/3はプレスにお披露目された後、この月の下旬に開催された第2戦のセブリングでいよいよ実戦デビューを果たすことになる。

　出場したのは以下の3台。
㉜A.D.デ・アダミッチ／M.カゾーニ組
㉝N.ヴァッカレラ／L.ビアンキ組

前後のカウルを取り去った33/3。2ℓマシーンの個性的なフレームは、常識的なモノコックにとって代わられた。ロールバーは同じレースでデビューしたポルシェ908のオープン仕様よりずっと頑丈そうだったが、ビアンキの命を守ることはできなかった。(BC)

㉞N.ギャリ／I.ギュンティ組

　この年のドライバーの顔ぶれは、ヴァッカレラやギャリ、ギュンティなどの残留組に、フェラーリからアダミッチが復帰した。なお、64年にF1でチャンピオンに輝いた名手、ジョン・サーティーズが、F1などと重ならないレースに限定的に出場することでアウトデルタと合意に達し、シーズン前のテストにも参加したが、セブリングの直前にタイヤの契約に関して問題が生じ（アルファはダンロップを使用するのに対して、サーティーズは個人的にファイアストーンと契約）、結局彼のチーム入りの話は立ち消えとなった。

　予選では、やはりこのレースがデビューのフェラーリの新型3ℓプロトタイプ、312Pが2分40秒14でポールポジションを獲得した。対照的に33/3はテスト不足が明らかでスピードが伸びず、アダミッチ組が2分45秒64で10位（3ℓクラスでは6位）。以下、ヴァッカレラ組が14位（2分47秒95）、ギャリ組が15位（2分51秒36）という順位であった。

　ところが、レースがスタートしていきなり、アルファは災難に見舞われる。1周目にアルファ勢の最上位の7位でピット前に戻ってきたギャリのマシーンから左後輪が外れるというハプニングが発生したのである（外れた車輪がビアンキ組のマシーンにぶつかったという説もある）。ギャリは3輪でゆっくり1周してピットに入ったが、すでに足回りにダメージが及んでいたため、そのまま姿を消した。

33/3 (1969)

　トラブルに見舞われたのはギャリ組だけではなかった。1時間過ぎ、残り2台にオーバーヒートが発生し始めたのである。実は、軽量化の狙いから、ラジエターで本来ハンダ付けすべき個所を接着剤で代用していたため、レースが進むにつれて接着部が剥がれ、ラジエターがバラバラになるという信じ難いトラブルが発生したのである。結局アダミッチ組は15周、ヴァッカレラ組も17周を走っただけでどちらもリタイアに追い込まれ、記念すべき3ℓマシーンのデビューは、2時間ももたずに全滅という最悪の結果で幕を閉じたのだった。

ルマン・テストデイ
（1969年3月29／30日）

　セブリングの1週間後、恒例のルマン・テストデイが開催され、アルファも、アウトデルタから33/3が1台（セブリングで問題となったラジエターはもちろん対策済み）、VDSチームから2台（2.5ℓと2ℓが1台ずつ）が参加した。

　33/3はビアンキとツェッコリの2人がステアリングを握り、1日目にはビアンキが参加車中6位にあたる3分40秒2という好タイムをマークした。だが、2日目の午前中に悲劇が起きた。ビアンキの駆る33/3がユノディエールのストレートの終わりにあるミュルサンヌ・コーナーにさしかかった時、突然左側に方向を変えてコースアウト、マシーンは電柱に激突して激しく燃え上がり、ビアンキは即死するという惨事となったのである。事故の原因は定かでないが、サスペンションの破損とか遅いマシーンを避けようとしたなどの説がある。

BOAC500マイル
（1969年4月13日）

　テストデイの事故の影響か、アウトデルタは選手権のその後の2戦には姿を現わさなかった。ただ、VDSチームはどちらのレースにも出場しているので、簡単にふれておこう。

　まずはBOAC。出場したのは㉑T.ピレット／R.スロートマーカー組と㉒ゲスラン／クロード・ブルゴワーニュ（新加入）組の2台（どちらも2ℓ仕様）。予選は、ピレット組が1分41秒2で23位、ゲスラン組は1分43秒8で29位。決勝では、ゲスラン組はレース中盤にエンジンの油圧を失ってリタイアしたが、ピレット組はコンスタントな走りを見せて総合9位（2ℓクラス2位）でフィニッシュした。

モンザ1000km
（1969年4月25日）

　このレースには、VDSの2台を含むプライベートのティーポ33が合わせて5台出場した。VDSからはブランズハッチと同じ顔ぶれの2台（ただしピレット組は2.5ℓ仕様に変更）。また、残りの3台はイタリア国内のプライベートチームの2ℓマシーンであった（VDS以外のプライベートチームのマシーンについては別項で触れる）。

　予選では、ピレット組が3分02秒3で5台中最上位の15位、一方ゲスラン組は3分16秒2で30位に留まった。レースでは、地元から出場した1台が7位（2ℓクラス1位）、ピレット組は8位でフィニッシュしたが、ゲスラン組は燃料系のトラブルでリタイアとなった。

タルガ・フローリオ
（1969年5月4日）

　続く第5戦はアルファにとって重要な意味を持つタルガ・フローリオ。テストデイの痛手からようやく立ち直ったアウトデルタがセブリング以来3戦ぶりに姿を見せたが、33/3はまだ明らかに

タルガ・フローリオを走るヴァッカレラ／アダミッチ（写真）組の33/2.5。結果はオーバーレブによるエンジン破損でリタイア。3ℓ仕様の開発が優先されたのだろう、マシーンは前年からほとんど変わっていないように見える。(EdF)

熟成が不足していたため出場を見送り、以下の顔ぶれの2.5ℓ仕様と2ℓ仕様が1台ずつ出場した。なお、VDSチームは出場しなかった。

⑱ I.ギュンティ／N.ギャリ組（2ℓ／017）
㉖ N.ヴァッカレラ／A.D.アダミッチ組（2.5ℓ）

　公式練習では、ワークス・ポルシェの908が上位3台を占め、アルファ勢はヴァッカレラ組が37分16秒0でローラT70に次ぐ5位、ギュンティ組が6位（37分21秒5）に続いた。
　この年からスタート方式が変更され、プロトタイプから順にスタートしていくことになった。そのレースでは、スタート直後からポルシェ勢が上位を占める展開となる。アルファ勢では、ギャリが何とかポルシェ勢についていこうとしたが、無理がたたったのか5周目にスピン、右のリアサスペンションを壊してリタイアに追い込まれた。またヴァッカレラ組も、点火系の不調で後退を強いられた挙げ句に、7周目にオーバーレブでエンジンを壊してしまい、こうしてアウトデルタ勢は全滅した。レースはワークス・ポルシェが上位4位を占め、5位に地元イタリアのプライベートチームのティーポ33/2が食い込んだのが、アルファにとってせめてもの慰めだった。

スパ・フランコルシャン1000km
（1969年5月11日）

　アウトデルタは姿を見せなかったが、ここが地元のVDSチームからレギュラーの2台（マシーンはどちらも2.5ℓ仕様）が出場した。予選は、ピレ

33/3 (1969)

ット組が4分07秒0で9位（3ℓクラス6位）。ゲスラン組は4分53秒8で29位。レースでは、ゲスラン組はレース直前に発生したエンジントラブルのせいでスタートできなかったが、ピレット組は堅実な走りを見せて総合6位（3ℓクラス5位）でフィニッシュした。

ニュルブルクリング1000km
（1969年6月1日）

エントリーの段階ではアウトデルタから33/3が2台出場する予定だったが、結局姿を現わさず、代わりに以下の顔ぶれの33/2が3台出場した。エントリーは前年同様、アウトデルタではなく、アルファ・ドイッチェランド名義となっていた。

㉘C.ファチェッティ／H.シュルツ組[026]
㉙N.ギャリ／I.ギュンティ組[017]
㉚A.D.アダミッチ／N.ヴァッカレラ組
　VDSチームからも以下の2台が出場した。
⑯T.ピレット／R.スロートマーカー組（2.5ℓ）
㊆G.ゲスラン／C.ブルゴワーニュ組（2ℓ）

予選では、ギャリ組が奮闘して8分51秒1をマーク、2ℓクラスではトップの13位を占めた。以下、ピレット組が16位（8分59秒5）、アダミッチ組が21位（9分10秒6）、ゲスラン組が28位（9分30秒6）、ファチェッティ組は何かトラブルがあったらし

プライベートチームのマシーンの写真も載せておこう。タルガでアウトデルタの2台がリタイアした後、健闘して5位に食い込んだジョヴァンニ・アルベルティ／エンリコ・ピント組の33/2。（EdF）

ニュルブルクリングでも、アウトデルタではないマシーンの写真を1枚。セミ・ワークス的存在だったVDSチームのピレット／スロートマーカー組の33/2.5である。ノーズに描かれた青／白のストライプがこのチームの目印だった。前はアバルトの2ℓマシーン。(EdF)

く、11分19秒7で55位。
　レースでは、期待されたギャリ組は1周しただけでエンジンがブロー、ピレット組も6周目に事故を起こし、どちらもリタイアとなった。アルファ勢の最上位は、皮肉なことに予選で最も遅かったファチェッティ組の7位（2ℓクラス1位）、以下ゲスラン組が11位、アダミッチ組はトラブルでも発生したのか15位に終わった。

ルマン24時間
（1969年6月14／15日）

　前年は輝かしい成績を収めたルマンであるが、この年アウトデルタはついに姿を見せなかった。熟成不足が明らかだった33/3の不参加はやむを得ないにしても、2.5ℓ仕様や2ℓ仕様でも出場しなかった理由は不明である（ちなみに、欠場で乗るマシーンを失ったヴァッカレラとギャリの2人はスポットでマートラから出場）。
　一方、VDSチームは前年に続いて2台を出場させた。マシーンはどちらもロングテール仕様で、エンジンはピレット組が2.5ℓ仕様、ゲスラン組は2ℓ仕様を搭載していた。

33/3 (1969)

㊱T.ピレット／R.スロートマーカー組
㊳G.ゲスラン／C.ブルゴワーニュ組

　予選では、ピレット組が3分53秒7で24位、ゲスラン組は4分09秒8で27位。しかし決勝では、ピレット組は3時間過ぎに油圧が低下、ゲスラン組も5時間過ぎにクラッシュと、どちらも早々にリタイアという結果に終わった。

ノリスリング200マイル（1969年6月29日）

　ところで、33/3の開発は中止となったわけではなく、テストデイでの事故の後も引き続き進められ、シーズン後半になって33/3は再びサーキットに姿を現わした。ただ、いきなりチャンピオンシップに復帰することは避け、まずはドイツ・ニュルンベルグ近郊のノリスリングで開催されたノンチャンピオンシップ・レースにギュンティのステアリングで1台が出場した。

　予選では、ギュンティが1分18秒7のトップタイムを叩き出し、ワークス・ポルシェの908やローラT70を抑えてポールポジションを奪ってみせた。レースは2ヒート制で行なわれ、第1ヒートではギュンティがリードを奪ったものの、エンジントラブルでリタイア。第2ヒートでは後方からスタートして5位まで挽回しながら、ギアボックスのトラブルでまたもやリタイアに終わった。

ホッケンハイム（1969年7月13日）

　ノリスリングの2週間後、やはりドイツのホッケンハイムで開催されたレースにアウトデルタから33/3が出場した。今回は2台で、ギュンティが乗るマシーンはノリスリングの時と変わりなかったが、ヴァッカレラが乗るマシーンの方はクーペボディをまとっていたことから注目を集めた。開発の意図は不明だが、空力の面でクーペの方が有利な高速コースでのレースを想定して、実験的に製作されたものではないかと思われる。

　予選では、他に強敵が出場していなかったこともあって、ヴァッカレラが1分59秒0でポールポジションを奪い、ギュンティも2位（タイムは不明）につけた。そして決勝でも、2台のアルファがスタートからリードを奪ったが、ヴァッカレラのマシーンは7周目に跳ね石でウィンドスクリーンを破損、ギュンティのマシーンもギアボックスの不調に見舞われ、どちらも後退を余儀なくされた。レースはローラT70の優勝という結果となったが、2台のアルファも奮闘し、ヴァッカレラは3位（首位からわずか7秒半遅れ）、ギュンティも6位でフィニッシュした。

エステルライヒリング（1969年7月27日）

　33/3の次の出番は7月末、それまでオーストリアにおいて最も多く用いられていたツェルトヴェクの飛行場サーキットに代わるものとして、新たに建設されたエステルライヒリングのオープニングレースに2台が出場した。

　マシーンはどちらもオープンボディで、ステアリングを握ったのはアダミッチとギュンティ。予選の結果は不明だが、レースではアダミッチがプライベートのポルシェ908と熾烈な首位争いを繰り広げた末に、3ℓマシーンとして記念すべき初優勝を飾った。ギュンティは5位。

オーストリア1000km（1969年8月10日）

　エステルライヒリングにおける初勝利で意気上がるアウトデルタは、同じコースで8月10日にマ

ニュファクチュアラーズ・チャンピオンシップの最終戦として開催された1000kmレースにも、3台の33/3を送り込んだ。3ℓマシーンとしてはセブリング以来の選手権レースである。

出場したのは以下の3台。
⑥N.ギャリ／I.ギュンティ組[003]
⑦A.D.アダミッチ／N.ヴァッカレラ組[004]
⑧M.カゾーニ／T.ツェッコリ組[002]
また、VDSチームからも2台が出場した。
②T.ピレット／R.スロートマーカー組(2.5ℓ)
⑭G.ゲスラン／C.ブルゴワーニュ組(2ℓ)

予選では、ギア比がコースの性格に合っていなかったこともあり、ギャリ組が1分44秒88で5位、アダミッチ組が1分49秒6で8位、カゾーニ組が1分55秒1で13位という結果だった。VDSは、ピレット組が1分57秒5で15位、ゲスラン組が2分02秒3で28位。

そしてレースでは、33/3は散々な成績に終わる。まず5周目にカゾーニ組がスピン、運悪く他車にぶつけられて早くも姿を消した。次にアダミッチ組が、レース中盤の92周目にブレーキのトラブルからコースアウトしてリタイア。そして残るギュンティ組も、127周を走ったところでエンジンの油圧が低下してこれまたリタイアと、33/3は全滅に追い込まれた。VDSの2台も、ゲスラン組がやはり油圧の低下、ピレット組はヘッドガスケットを吹き抜き、どちらもリタイア。ティーポ33で完走したのは、17位となったイタリアのプライベートチームの33/2だけであった。

69年のマニュファクチュアラーズ・チャンピオンシップにおいて、アルファが獲得したポイントは、タルガの5位(2点)とスパの6位(1点)のわずか3点に留まり(しかもどちらもアウトデルタではなく、プライベートチームが獲得)、総合の順位は7位タイと、期待を大きく裏切る結果に終わった。

マイナーレースの戦績

この年の世界選手権はオーストリアで幕を閉じたが、アウトデルタはマシーンの熟成を図るために、その後も33/3を2つのノンチャンピオンシップ・レースに出場させた。

1戦目は8月15日、シシリー島のエンナで開催されたコッパ・チッタというレースで、ヴァッカレラがホッケンハイム以来の登場となったクーペ仕様で出場し、他に強力な競争相手が出場しなかったこともあって、完勝した。

2戦目は9月14日にイモラで開催された500kmレースで、3台の33/3が出場した。マシーンはすべてオープンボディで、アダミッチ、ギャリ、ギュンティの3人がステアリングを握る。予選では、アダミッチがJWチームの新型3ℓプロトタイプ、ミラージュに次ぐ2位(1分37秒2)、ギュンティが5位(1分38秒2)、ギャリは6位(1分38秒4)。レースでは、アダミッチはエンジン、ギャリはブレーキのトラブルでリタイアしたが、ギュンティがミラージュに次ぐ2位でフィニッシュして、シーズンを締めくくった。

なお、アウトデルタはこの他にも、以下のレースに2ℓマシーンを出場させている。
◎4月20日：フランスのモンレリーで開催されたUSAカップでアダミッチが2位。
◎5月17日：英国シルヴァーストーンで開催されたマルティーニ・トロフィーでアダミッチが8位。
◎6月9日：フランスのロンド・セヴェノーレで開催されたレースでギュンティが優勝。

69年のシーズン後半、熟成のために33/3は2つのノンチャンピオンシップ・レースに参加した。これは8月中旬にシシリー島のエンナのレースに出場したマシーンで、3ℓ仕様としてはただ1台クーペ・ボディを持つ。2ℓ仕様に比べてルーフの部分が相対的に小さく、スタイリングはなかなか迫力に富む。(ACTUALFOTO)

VDSチームの戦績

前年に続いてこの年も、VDSチームはこれまで述べてきた以外のレースに多数出場しているので、簡単にふれておく(表記のないマシーンは2ℓ仕様)。

◎5月17日:シルヴァーストーンのマルティーニ・トロフィーでピレットが7位、ブルゴワーニュはリタイア。

◎7月6日:スペインのヴィラ・リアルで開催された6時間レースにピレット/スロートマーカー組(2.5ℓ)とゲスラン/ブルゴワーニュ組が出場、前者はクラッシュ、後者はヘッドガスケットを吹き抜き、どちらもリタイア。

◎8月17日:スウェーデンのカールスコーガで開催されたスウェーデンGPで、スロートマーカーが10位、ピレットはリタイア(マシーンはどちらも2.5ℓ仕様)。

◎8月31日:スウェーデンのマントープパークのレースにピレットとゲスランが出場(成績は不明)。

◎9月14日:スウェーデンのアンデルストープのレースで、ピレットが10位、ゲスランはリタイア(マシーンはどちらも2.5ℓ仕様)。

◎10月26日:スペインのハラマで開催された6時間レースで、ピレットが2ℓクラスの1位、ゲスランが4位(総合の順位は不明)。

なお、VDSチームは翌70年、マシーンをローラT70MKⅢBに変更したため、アルファとの関係はこの年が最後となった。

70年仕様の33/3の後部。リアブレーキが2ℓ仕様のインボードからアウトボードに変更されているが、3ℓ仕様の最初から導入されたのかは不明（60ページの写真では判別できず）。駆動系ではクラッチがギアボックスの後ろに配置されている点が目をひく。(EdF)

●1970年

マシーンの変更点

　69年シーズン、総合優勝を狙って3ℓクラスにステップアップしながら、期待を裏切る成績に終わったアウトデルタは、雪辱を果たすべく、33/3に改良を加えて70年のシーズンに臨んだ。主な変更点としては、全体的なボディスタイリングの形状変更による空力性能の改善（この年はすべてオープン仕様）や、タイヤをダンロップからファイアストーンに変更した点、そしてエンジンのパワーアップ（420bhp／9000rpm）などが挙げられる。

　ドライバーについても、F1への搭乗を望むギュンティがフェラーリに移籍したが、入れ替わりに、前年はポルシェのワークス・ドライバーであったドイツ人のロルフ・シュトメレン、イギリス人のピアス・カレッジ、イタリア人のトイネ・ヘゼマンズらが加わり、より強力な顔ぶれとなった。

　なお、この年からF1のマクラーレン・チームに3ℓ・V8エンジンの供給が開始され、アダミッチのステアリングで出場することになった。

南米の2レース

　シーズンの開幕に先立ち、アウトデルタは小手調べとして、南米アルゼンティンの首都ブエノスアイレスで2週続けて開催されたノンチャンピオ

33/3 (1970)

70年初頭に南米ブエノスアイレスで開催されたノンチャンピオンシップ・レースに出場したアダミッチ（写真）／カレッジ組の33/3。2戦目の200マイルレースでは見事優勝を飾った。

こちらはシュトメレン／ギャリ組のマシーン。このテンポラーダ・シリーズに出場したマシーンは、黒地に白のカーナンバーという点で他のレースと区別がつく。この2枚の写真で、前年にデビューした時からいかにダイエットに成功したかが分かるだろう。

第3戦のセブリングで3位入賞を果たしたグレゴリー／ヘゼマンズ（写真）組の33/3。このレースからチームに加わったグレゴリーにとってはいきなりの表彰台である。(BC)

ンシップ・レース（別名テンポラーダ・シリーズ）に、以下の顔ぶれの33/3を送り込んだ。
④R.シュトメレン／N.ギャリ組
⑥A.D.アダミッチ／P.カレッジ組[003]

まずは1月11日に開催された1000kmレース。予選では、プライベートチームのポルシェ917（5ℓスポーツカー）がポールポジションを奪い、アダミッチ組が2位、シュトメレン組が7位。そして決勝でも917がリードを奪い、2台のアルファが追う展開となった。その後917はタイヤのパンクで後退、アダミッチ組が首位に立つが、やがてエンジンが不調となってペースダウンを強いられた。レースはマートラが優勝を飾り、アダミッチは6位、シュトメレン組はスピンしてリタイアという結果に終わった。

1週間後の200マイルレースでは、予選でアダミッチがポールポジションを奪い、シュトメレン組も3位につけた。レースは2ヒート制で行なわれ、第1ヒートはカレッジが優勝、ギャリが4位。第2ヒートも、シュトメレンはマシーントラブルでリタイアしたもののアダミッチが優勝して、総合成績ではアダミッチ組が優勝を飾り（シュトメレン組は8位）、幸先の良いシーズンのスタートとなった。

セブリング12時間
（1970年3月21日）

この年のマニュファクチュアラーズ・チャンピオンシップは、ポルシェ917やフェラーリ512Sなどの5ℓスポーツカー（グループ4）の出場台数が大幅に増え、それらが3ℓプロトタイプ（グルー

70年のルマン・テストデイを走る33/3。ダンロップ・ブリッジから下りてきて、エセスに進入する場面である。ロングテールの後部上面にフィンがないことで、本番の写真と区別ができる。（DPPI-Max Press）

プ6）に代わって選手権の主役の座につき、アルファ・ロメオはマートラと3ℓプロトタイプのクラス優勝を争うという構図へと変化した。

　チャンピオンシップは1月末のデイトナ24時間で幕を開けたが、アルファはマシーンの熟成を優先してこのレースへの出場を見送り、第2戦のセブリングが彼らにとってこの年の選手権の初戦となった。なお、シーズン初めの南米の2戦においてポルシェ908で健闘したアメリカ人ドライバーのマステン・グレゴリーがこのレースからチームに加わった。出場したのは以下の顔ぶれの3台。

㉛ A.D.アダミッチ／P.カレッジ組
㉜ R.シュトメレン／N.ギャリ組[002]
㉝ M.グレゴリー／T.ヘゼマンズ組

　予選では、アダミッチ組が2分38秒47で9位（3ℓクラスではマートラに次ぐ2位）、シュトメレン組は12位（2分40秒78）、グレゴリー組は13位（2分41秒37）からのスタートとなった。

　レースは、パワーで圧倒的に勝るポルシェ917とフェラーリ512Sが上位を占める展開となったが、3台のアルファもマイナートラブルはあったものの安定したペースで走り続けた。その後、まだ熟成の足りない5ℓスポーツカーがマシーントラブルなどで相次いで姿を消したため、アルファも徐々に順位を上げ、結局グレゴリー組がフェラーリ512Sとプライベートのポルシェ908（ドライバーのひとりはスティーブ・マックイーン！）に次ぐ3位でフィニッシュ（優勝したフェラーリとはわずか1周差）、他の2台も、アダミッチ組が8位、シュトメレン組は9位と、3台すべてが完走するという、前年とは対照的な結果となった。

雨のブランズハッチを走るアダミッチ（写真）／カレッジ組の33/3。左後部が破損しているのはカレッジがクラッシュした時のものだろうが、これから間もなくアダミッチも同じ場所でクラッシュして姿を消すことになる。(EdF)

ルマン・テストデイ
（1970年4月11／12日）

　セブリングの3週間後、ルマンでヨーロッパ・シーズンの開幕を告げる恒例のテストデイが開催され、アウトデルタからも33/3が1台参加した。マシーンには特に大きな変化はなかったが、長い直線を有するルマンのコースに合わせて、テールの長さが異なる数種類のリアカウルが用意され、比較が行なわれた。ドライバーはギャリとツェッコリの2人が務め、ギャリがロングテール仕様で3分36秒5を記録し、ポルシェ917とフェラーリ512Sに次ぐ3位（3ℓクラスではトップ）を占めて、2ヵ月後の本番に期待を抱かせた。

BOAC1000km
（1970年4月12日）

　第3戦、ヨーロッパ・ラウンドの初戦となったブランズハッチには、⑥⓪A.D.アダミッチ／P.カレッジ組の1台だけが出場した。1台だけのエントリーとなったのは、おそらく、前述のルマン・テストデイや、2週間後に彼らの地元モンザで開催されるレースに向けての準備などの影響によるものだろう。予選は1分30秒4で8位（3ℓクラスでは2台のマートラに次ぐ3位）。

　強い雨の中でスタートが切られたレースでは、4周目にカレッジが曇ったバイザーを拭おうとしてスピンをしでかすが、幸いマシーンに大きなダ

33/3 (1970)

メージがなく、すぐレースに復帰した。しかし60周目、交代したアダミッチがカレッジとまったく同じ場所でスピン、今度はガードレールにクラッシュしてしまい、リアのサスペンションを破損してリタイアに追い込まれた。

モンザ1000km
（1970年4月25日）

第4戦のモンザは彼らにとって地元でのレースだけに、それまでで最多の4台が出場した。顔ぶれは以下のとおり。
㊳R.シュトメレン／N.ギャリ組
㊴M.グレゴリー／T.ヘゼマンズ組
㊵C.ファチェッティ／T.ツェッコリ組
㊶A.D.デ・アダミッチ／P.カレッジ組

予選では、アダミッチ組が1分27秒80で10位（3ℓクラス1位）。以下、シュトメレン組が11位（1分28秒26）、グレゴリー組が16位（1分29秒21）、ファチェッティ組が18位（1分32秒79）と続く。

レースは、5ℓスポーツカー勢が熾烈な首位争いを繰り広げる一方、3ℓクラスでは、予選最上位のアダミッチ組はカレッジがスピンして順位を落としたが、シュトメレン組が2台のマートラと競り合いを繰り広げた。

レース中盤、後方にいたファチェッティ組が電気系のトラブルで68周目にリタイア。またグレゴリー組も冷却水漏れからエンジンがブロー、130

アルファのお膝元モンザに出場したシュトメレン（写真）／ギャリ組の33/3。しかし、レースでは7位に終わり、マートラに3ℓプロトタイプのクラス優勝をさらわれた。

周を過ぎたところで姿を消した。そしてアルファ勢で唯一上位につけていたシュトメレン組も、スロットルケーブルのトラブルで後退を強いられてしまう。

　レースは、トラブルが続出したアルファとは対照的に快調な走りを見せたマートラが5、6位でフィニッシュし、3ℓクラスの1、2位を占めた。一方アルファは、シュトメレン組が7位、アダミッチ組は13位という結果に終わり、地元でのレースを好成績で飾ることはできなかった。

タルガ・フローリオ
（1970年5月3日）

　続く第5戦は、アルファにとって特別な意味を持つタルガ・フローリオ。また、狭く曲がりくねったコースの性格から、大柄の5ℓスポーツカーより3ℓプロトタイプの方が有利と見られたこともあって、アウトデルタはモンザに続いて4台をエントリーしたが、練習中に1台がクラッシュしてダメージを負い、レースに出場したのは以下の顔ぶれの3台となった。なお、このコースがあまり得意でないシュトメレンに代えて、このレースで3度優勝の経験を持つベテランのウンベルト・マリオリがスポットでチームに加わった。

⑭M.グレゴリー／T.ヘゼマンズ組
㉘A.D.デ・アダミッチ／P.カレッジ組

33/3 (1970)

左:タルガ・フローリオを走るアダミッチ／カレッジ(写真)組の33/3。カレッジはこれがタルガ初体験にもかかわらず、チーム内で最も良い走りを見せて才能をアピールしたが、1ヵ月半後のF1オランダGPで事故死をとげる運命にあった。(EdF)

上:全滅したワークスに代わって、アルファ勢で最上位の7位でフィニッシュしたG.アルベルティ／ジョナサン・ウィリアムズ組の33/2。おそらく65ページの写真と同じマシーンと思われるが、ルーフをカットしてオープンボディに改造されている。(BC)

㉜U.マリオリ／N.ギャリ組

公式練習では、ワークス・ポルシェが送り込んだ新型の3ℓプロトタイプ、908/03が上位2位を占め、また大柄のボディのせいで不利と見られたフェラーリ512Sが3位に食い込んで関係者を驚かせた。アルファ勢では、カレッジが35分05秒7の好タイムをマークして4位(彼はこれがタルガ初出場!)、以下マリオリ組が35分43秒5で7位、グレゴリー組は37分08秒5(順位は不明)と続く。

この年、スタートの方式がまた変更されて、排気量の大きい順となり、まずはフェラーリ512Sからスタートしていった。ところが、アルファ陣営はいきなりショックを受ける。このコースのスペシャリストとして起用したマリオリが、スタートして間もなく石壁にクラッシュして、早くも姿を消してしまったのである。

1周目の順位は、ポルシェ908が上位3位を占め、アルファ勢ではカレッジが4位につけた。3周を終えて1回目のピットストップが行なわれた時点では、グレゴリー組が最上位の3位にいたが、6周目に派手にクラッシュして2台目のリタイアとなった。これで残るはアダミッチ組の1台だけとなったが、彼らも4位を走っていた8周目、カレッジが立木に激突してしまい、こうしてアウトデルタの3台は全滅という最悪の結果に終わった。

ニュルブルクリンク1000km
（1970年5月31日）

タルガで惨敗を喫したアウトデルタは、続く第6戦のスパを欠場してマシーンの改良に取り組み、第7戦のニュルブルクリンクに大幅な改良を加えた33/3を送り込んだ。といっても、出場したのは⑥R.シュトメレン／P.カレッジ組［004］の1台のみ。2週間後のルマンの準備との兼ね合いもあって、改良の作業をこの1台に集中したのだろう。

マシーンは、車体各部へのチタン合金の採用やテール部分をカットするなどの改造により70kg近い軽量化が実施されたほか、リアサスペンションのジオメトリーが変更された。また、タイヤがファイアストーンからグッドイヤーに変更されたが、次のルマンではファイアストーンを装着しており、このあたりの経緯は不明である。

予選では、ワークス・ポルシェの908/03が地元の利をいかして4位までを独占、シュトメレン組は8分00秒5で5位からのスタートとなった。レースの序盤は、やはりポルシェ勢が上位を占め、シュトメレンはフェラーリ512Sに次ぐ6位を走る。その後交代したカレッジは一時4位まで順位を上げるが、11周目にリアのダンパーが破損、アップダウンのきついコースのせいでエンジン下側のオイルサンプが路面と接触して破損したため、リタイアに追い込まれ、マシーンの改良の効果を証明することはできなかった。

ルマン24時間
（1970年6月13／14日）

第7戦のニュルブルクリンクに出場したシュトメレン（写真）／カレッジ組の33/3。外観はそれまでと変わりないように見えるが、いろいろ改良が加えられていた。レースではエンジンのサンプを破損してリタイア。（ACTUALFOTO）

33/3 (1970)

　33/3の耐久性にようやく目途が立ったことから、アウトデルタは2年ぶりにルマンに姿を現わした。出場したのは以下の顔ぶれの4台。マシーンはすべてロングテール仕様だったが、テストデイの仕様に対して後部の上面に左右2枚のフィンが追加された。エンジンは400bhpまでデチューンされ、リミットも通常の9600rpmから8600rpmに引き下げられた。

㉟R.シュトメレン／N.ギャリ組[007]
㊱A.D.アダミッチ／P.カレッジ組[010]
㊲M.グレゴリー／T.ヘゼマンズ組[014]
㊳C.ファチェッティ／T.ツェッコリ組[009]

　予選の結果は、シュトメレン組が最上位の17位（3分33秒8）、3ℓクラスではマートラ（総合14位）に次ぐ2位。以下、アダミッチ組が19位（3分35秒7）、グレゴリー組が23位（3分39秒00）、ファチェッティ組が26位（3分41秒5）と続く。

　変則のルマン式スタートで始まったレースでは、グレゴリー組がわずか5周を走っただけで、エンジンが石を吸い込んでピストンを破損、不名誉なリタイア第1号となった。

　レースの前半は、5ℓスポーツカーが上位を占め、3ℓクラスはマートラとアルファがほぼ互角の戦いを繰り広げていた。3時間過ぎ、20位前後

ルマンのアルファ陣営。リラックスした雰囲気が感じられるので、公式練習にでも撮影されたものだろう。右側のドライバーはカレッジ。右端（見切れているが）にキティの姿も見える。マシーンについては、本番で後端に追加された2枚のフィンに注意。(EdF)

を走っていたファチェッティ組がダンロップ・ブリッジの手前でスピン、コース脇にストップしたところにポルシェ917が突っ込み、アルファ勢で2台目のリタイアとなった。

　レースの4分の1が経過した6時間目過ぎ、互角の戦いをしてきたマートラの3台がトラブルで相次いで姿を消し、3ℓクラスはアルファとポルシェの争いとなった。順位は、シュトメレン組が7位、アダミッチ組が9位。そしてレースの半分が経過した12時間目には、快調なペースで周回を重ねたシュトメレン組が5位に浮上する一方、アダミッチ組はエンジンの不調やスピンなどで10位まで後退していた。

　シュトメレン組はその後も5位（3ℓクラスではポルシェに次ぐ2位）をキープしていたが、2日目の午前9時（17時間目）、潤滑系のオイルパイプが緩むトラブルでコース上にストップ、その際押しがけでレースに復帰したのが外部の助けを借りたとして失格を言い渡されてしまった。これでアルファ勢で残っているのはアダミッチ組の1台だけとなったが、彼らも18時間を過ぎたところでエンジンのミスファイアが悪化してピットに入ると、そのままリタイアとなった。こうしてアルファにとって2年ぶりのルマンは全滅という結果で幕を閉じた。

マシーンのさらなる改良

　ルマンの惨憺たる結果に、キティらアウトデルタの上層部もさすがに危機感を深め、次のワトキ

ルマンでスピン、コース脇にストップしたファチェッティ／ツェッコリ組のマシーン。これだけなら復帰できたはずだが、運悪く他のマシーンが突っ込んできてリタイアに追いやられた。後ろを通過するのはフェラーリ512S。（BC）

33/3 (1970)

ンズ・グレンへの出場を見送って、再びマシーンの改良に取り組んだ。具体的には、エンジンの搭載位置を前進させて重量バランスを改善したり（ホイールベースを縮めたという説もある）、エンジンのコンロッドをチタン合金化するなどいっそうの軽量化が図られた。ボディカウルも、それまで丸みを帯びていたノーズの先端が、真っ直ぐ下側に下りる形状に変更されたが、これなどはこの年のタルガ・フローリオに登場したポルシェ908/03の影響と思われる。

この33/3の改良型はザルツブルグリングのコースでテストを実施した後、9月13日に開催されたノンチャンピオンシップ・レース、イモラ500kmに2台が送り込まれた。ステアリングを握ったのはアダミッチとギャリ。だが、ギャリのマシーンはオイル漏れなどで出場を断念、出場したのはアダミッチの1台だけとなった。予選は4位、そしてレースでは、優勝したJWチームのポルシェ917にはさすがについていけなかったものの、2位（3ℓクラス1位）でフィニッシュして、さっそく改良の効果を証明してみせた。

オーストリア1000km
（1970年10月11日）

イモラの好結果で自信を取り戻したアウトデルタは、チャンピオンシップの最終戦であるオーストリア1000kmにこの改良を加えた33/3を送り込んだ。出場したのは以下の顔ぶれの4台。なお、レギュラーのひとりであったカレッジがルマンの1週間後に開催されたF1オランダGPにおいて事故死をとげたため、後釜としてマートラを離れたアンリ・ペスカローロが加わり、アダミッチと組むことになった。

①R.シュトメレン／N.ギャリ組
②M.グレゴリー／T.ヘゼマンズ組
③A.D.アダミッチ／H.ペスカローロ組
④C.ファチェッティ／T.ツェッコリ組

予選は、やはりスピードで勝る5ℓスポーツカーが上位を占め、シュトメレン組が1分42秒78で6位（3ℓクラス1位）、以下アダミッチ組が7位（1分43秒61）、グレゴリー組が8位（1分44秒23）、ファチェッティ組が10位（1分47秒39）と続く。

レースの序盤は、フェラーリが投入した新型の5ℓスポーツカー、512Mが首位に立ち、これを4台のポルシェ917、そしてアルファ勢が追うという展開で進行した。しかし、やがてアルファの中から脱落者が出始める。まずファチェッティ組がコースアウトしてリタイア、続いてグレゴリー組にオルタネーターのトラブルが発生、ピットストップからレースに復帰しようとした時にエンジンが再始動せず、押しがけを行なったのが規則違反に問われて失格となった。そしてレースの3分の1を過ぎた61周目、アルファで最上位の3位を走っていたシュトメレン組がエンジンブローでリタイアに追い込まれた。

こうして3台が姿を消し、残るはアダミッチ組の1台となったが、アダミッチとペスカローロの2人は文字どおり孤軍奮闘の走りを見せ、レースの後半はJWチームのポルシェ917に次ぐ2位をキープしていた。そして終盤、917がエンジンの不調に見舞われたことから、彼らは猛然と追い上げを開始し、一時は優勝の可能性も出てきたが、その後彼らのマシーンも油圧が低下したことから、それ以上の追い上げは諦めざるを得なかった。それでも、この年のチャンピオンシップにおいて最高の成績となる2位でフィニッシュし（もちろん3ℓクラスでは1位）、翌年に大いに望みをつなぐ結果でシーズンを締めくくったのである。

●1971年

マシーンの変更点

　70年のシーズン中、二度にわたって大幅な改良が加えられたことから、71年の33/3の変化は小幅なものに留まった。エンジンは潤滑系などに手が入れられ、最高出力は440bhp／9600rpmにまでアップした。また、各部の見直しにより車重は650kgまで軽量化された（例えばギアボックスを新型に変更したことで10kgマイナス）。そしてシーズンオフには、バロッコや開設されたばかりの南仏ポールリカールで徹底的な走り込みが行なわれ、アルファとしては珍しく、万全の準備を整えてシーズンの開幕を迎えた。

　なお、前年はマクラーレンのF1チームに供給された3ℓ・V8エンジンは、供給先がマーチに変更された。そしてアダミッチとギャリの2人がレースに出場したが、どちらもノーポイントに終わり、結局この年限りでF1へのエンジン供給は打ち切られた。

ブエノスアイレス1000km
（1971年1月10日）

　この年のマニュファクチュアラーズ・チャンピオンシップは、いつものデイトナではなく、前年はノンチャンピオンシップとして開催されたブエノスアイレス1000kmが10年ぶりに選手権に昇格し、開幕戦として開催された。このレースにアウトデルタは以下の3台をエントリーした。
⑫T.ヘゼマンズ／
　エマーソン・フィッティパルディ組
⑭R.シュトメレン／N.ギャリ組
⑯A.D.アダミッチ／H.ペスカローロ組[005]

　ドライバーの顔ぶれで注目を集めたのは、当時有望視されていたブラジル人の若手フィッティパルディ（翌72年にはF1でチャンピオンに輝く）が加わったことだった。しかし、レース前の練習中に彼の駆る33/3はタイヤがパンクしてクラッシュ、マシーンにダメージを負ったため、レースへの出場は取り止めとなった（ちなみに、無傷ですんだフィッティパルディはカルロス・ロイテマンと組んでプライベートのポルシェ917でレースに出場したが、結果はリタイア）。

　予選の結果は、アダミッチ組が1分54秒43で5位（3ℓクラスではこのレースでデビューしたフェラーリの新型プロトタイプ、312PBに次ぐ2位）、シュトメレン組が1分55秒57で7位であった。

　レースの序盤はポルシェ917勢やフェラーリ312PBが上位を占め、アルファはその集団から少し遅れて、1台だけ出場したマートラと競り合う展開となった。ところが、マートラは37周目にガス欠でストップ、ドライブしていたジャン-ピエール・ベルトワーズがマシーンを押してピットに向かおうとしたところ、これにイグナツィオ・ギュンティの312PBが激突して炎上、ギュンティが死亡する惨事となった。ギュンティは以前アルファに在籍していただけに、アウトデルタのスタッフたちにとってはショッキングな出来事であったに違いない。

　レースは終始上位を走り続けたJWチームのポルシェ917が1-2フィニッシュを飾ったが、2台の33/3も堅実な走りで徐々に順位を上げ（フェラーリとマートラという強敵が事故で一度に姿を消したこともあったが）、シュトメレン組が3位（もちろん3ℓクラスでは1位）、アダミッチ組も4位でフィニッシュするという好成績を収め、幸先の良いシーズンの出だしとなった。

セブリングを走るヴァッカレラ／ヘゼマンズ組の33/3。本来はこのマシーンのドライバーではないアダミッチが乗っているので、練習中にでも撮られたものか。（BC）

セブリング12時間
（1971年3月20日）

　アウトデルタは続く第2戦のデイトナには姿を現わさず（理由は不明だが、過去2年も欠場しており、何か特別な理由があったのかも知れない）、次に彼らが登場したのは第3戦のセブリングであった。出場したのは以下の3台。
㉜A.D.アダミッチ／H.ペスカローロ組
㉝R.シュトメレン／N.ギャリ組[009]
㉞N.ヴァッカレラ／T.ヘゼマンズ組

　予選は、シュトメレン組が2分34秒99で5位（3ℓクラスでは復帰したフェラーリ312PBに次ぐ2位）。以下ヴァッカレラ組が10位（2分38秒85）、アダミッチ組は11位（2分40秒17）と続く。

　レースの序盤は、予選の上位を占めた地元ペンスキー・チームのフェラーリ512M、フェラーリ312PB、JWチームのポルシェ917の3者がトップグループを形成し、アルファ勢はその後ろに続いていた。2時間過ぎ、ヴァッカレラ組が燃料ポンプのトラブルに見舞われ、アルファ勢で最初に姿を消した。

　その後、512Mや917がクラッシュやマシーントラブルで後退したため、312PBが首位に浮上、アルファ勢ではシュトメレン組がマルティーニ・チームの917と2位を争い、これにアダミッチ組が4位で続く。そして5時間過ぎ、312PBがギアボックスのトラブルでリタイアしたことから、シュトメレン組が首位に、アダミッチ組も2位に繰

第4戦のBOACで、フェラーリ312PBと激しい競り合いを繰り広げるアダミッチ(写真)／ペスカローロ組のマシーン。(EdF)

BOACのウィニング・コンビ、アダミッチ(左)とペスカローロ。ドライバーらしからぬ風貌のアダミッチは、この時代のアルファを代表する存在であった。

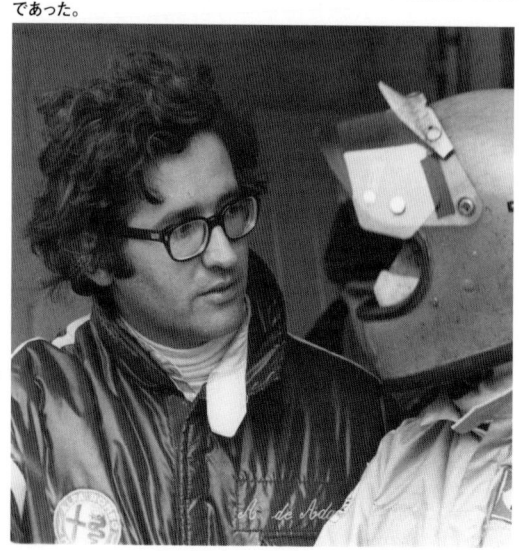

り上がり、アルファ陣営にとっては願ってもない状況となった。

　しかし、喜ぶのはまだ早かった。序盤に周回遅れとの接触で後退したマルティーニ・チームの917が、猛烈な勢いで追い上げてきたからである。結局7時間を過ぎたところで917がアルファ勢をあっさりかわして首位に立つと、その後も差をどんどん広げていき、シュトメレン組に3周差をつけてチェッカーを受けた。しかしアルファ勢も、敗れたとはいえ、シュトメレン組が2位、アダミッチ組も3位と、2戦続けて好成績を収めたことで、待望の総合優勝もそう遠いことではないように思われた。そしてその予想はすぐに現実のものとなる。

33/3 (1971)

アップダウンのきついブランズハッチを走る2台の33/3。左がアダミッチ組、右がシュトメレン（写真）／ヘゼマンズ組。レースではシュトメレン組が快調に首位を走っていたが……。(PP)

BOAC1000km
（1971年4月4日）

　勢いに乗るアウトデルタは、第4戦のBOACにも以下の2台を出場させた。

㊺A.D.アダミッチ／H.ペスカローロ組[005]
㊻R.シュトメレン／T.ヘゼマンズ組[023]

　舞台となったブランズハッチの起伏に富むコースの性格から、5ℓスポーツカーよりエンジンパワーは劣るものの、軽量でブレーキ性能に勝る3ℓプロトタイプの方が有利との声がレース前から高かったが、その予想どおり、予選ではフェラーリ312PBが1分27秒4を記録して初のポールポジションを獲得、シュトメレン組のアルファも1分27秒8で2位と、3ℓプロトタイプがフロントロウを占めた。アダミッチ組は1分29秒6で6位。

　小雨の中でスタートしたレースは、序盤フェラーリ312PBとJWチームの2台のポルシェ917が上位を占め、これに2台のアルファが続いた。その後、フェラーリは周回遅れとからんで後退、JWチームの2台のポルシェもマシーントラブルでリタイアと後退を余儀なくされたため、4時間目からはシュトメレン組が首位に立ち、アダミッチ組も2位と、セブリングに続いて理想的な展開となった。

　2台の33/3はその後も快調な走りで順位をキープし続け、アルファの1-2フィニッシュはもは

ゴールまで残りわずか30分というところで、エンジントラブルによりコース脇にストップしてしまったシュトメレン組のマシーン。(EdF)

や間違いないかに思われたが、ゴールまで残り30分というところで、シュトメレン組はエンジントラブルでコース脇にストップ、惜しくもリタイアとなった。しかし、首位の座を引き継いだアダミッチ組がそのままチェッカーを受け、アルファ・ロメオにマニュファクチュアラーズ・チャンピオンシップにおける記念すべき初勝利をもたらしたのだった。

モンザ1000km
（1971年4月25日）

続くモンザは5ℓスポーツカーが圧倒的に有利な高速コースでのレースだけに、ブランズハッチのようにはうまく行かないことは明らかだったが、地元ということでアウトデルタは以下の3台を出場させた。

⑯N.ヴァッカレラ／T.ヘゼマンズ組
⑱A.D.アダミッチ／H.ペスカローロ組［005］
⑲R.シュトメレン／N.ギャリ組［020説］

マシーンは、ショートテールではあるが、いわゆるミニスカート仕様ではなく、ボディが後輪の後ろ側まで覆っていた点が過去3戦とは異なっていた。なお、練習中にギャリがクラッシュ、破損したマシーンは工場に持ち帰って修理されたためレースに出場できたが、負傷したギャリは欠場を余儀なくされ、ヘゼマンズがヴァッカレラとシュトメレンの2台をかけ持ちすることになった。

予選では、シュトメレンが奮闘して1分35秒15をマークし、マルティーニ・チームのポルシェ

33/3 (1971)

917とフェラーリ312PBに次ぐ3位という好位置につけた。アダミッチ組は6位（1分35秒74）、ヴァッカレラ組は8位（1分36秒98）であった。

レース本番では、やはり5ℓスポーツカーが圧倒的に有利であり、JWチームの2台のポルシェ917が独走する展開となった。他の5ℓスポーツカーが意外にスピードが伸びなかったこともあり、シュトメレン組とアダミッチ組のチームメイト同士で3位を争うことになったが、結局シュトメレン組の燃料補給で決着がついた。

レースはそのままJWチームが1-2フィニッシュを飾り、アダミッチ組は首位に6周の大差をつけられたものの、3位でフィニッシュして表彰台に上がった。そしてシュトメレン組が4位、ヴァッカレラ組も5位に続き、3ℓクラスでは上位3位を占めるという大戦果を挙げた。

連なってモンザを走る3台の33/3。前からアダミッチ組、シュトメレン組、ヴァッカレラ組。結局この順で3位から5位を占めた。抜かれようとしているのはアバルトの2ℓマシーン。（EdF）

斜め後ろから見たシュトメレン組の33/3。このモンザとスパは高速コースのため、リアカウルはいつものミニスカート仕様ではなく、写真のように後輪の後ろ側までカバーした形状のものが用いられた。(DPPI-Max Press)

スパ・フランコルシャン1000km
(1971年5月9日)

　モンザに続いて第6戦のスパも高速コースを使用するため5ℓスポーツカーが有利であったこと、また次のレースはアルファにとって重要な意味を持つタルガ・フローリオであり、その準備を優先したことなどから、このレースに出場した33/3は②A.D.アダミッチ／H.ペスカローロ組[009]の1台だけに留まった。欠場としなかったのは、おそらくチャンピオンシップのポイントを考慮してのことだろう。

　予選は、やはりスピードに勝る5ℓスポーツカーが上位を占め、アルファは3分27秒1で8位（3ℓクラスではフェラーリ312PBに次ぐ2位）。レースでは、JWチームの2台のポルシェ917がスタートから1、2位を占めると、そのまま2台連なって1000kmを走り抜いて、2戦連続の1-2フィニッシュを飾った。アダミッチ組の33/3は序盤6位前後を走っていたが、その後上位陣が脱落・後退したことで徐々に順位を上げ、結局3位でレースを終えた。もちろん3ℓクラスではトップであり、開幕からのこのクラスの連勝記録を5（第2戦のデイトナには出場せず）に伸ばした。

タルガ・フローリオ
(1971年5月16日)

　次は伝統のタルガ・フローリオ。フェラーリは

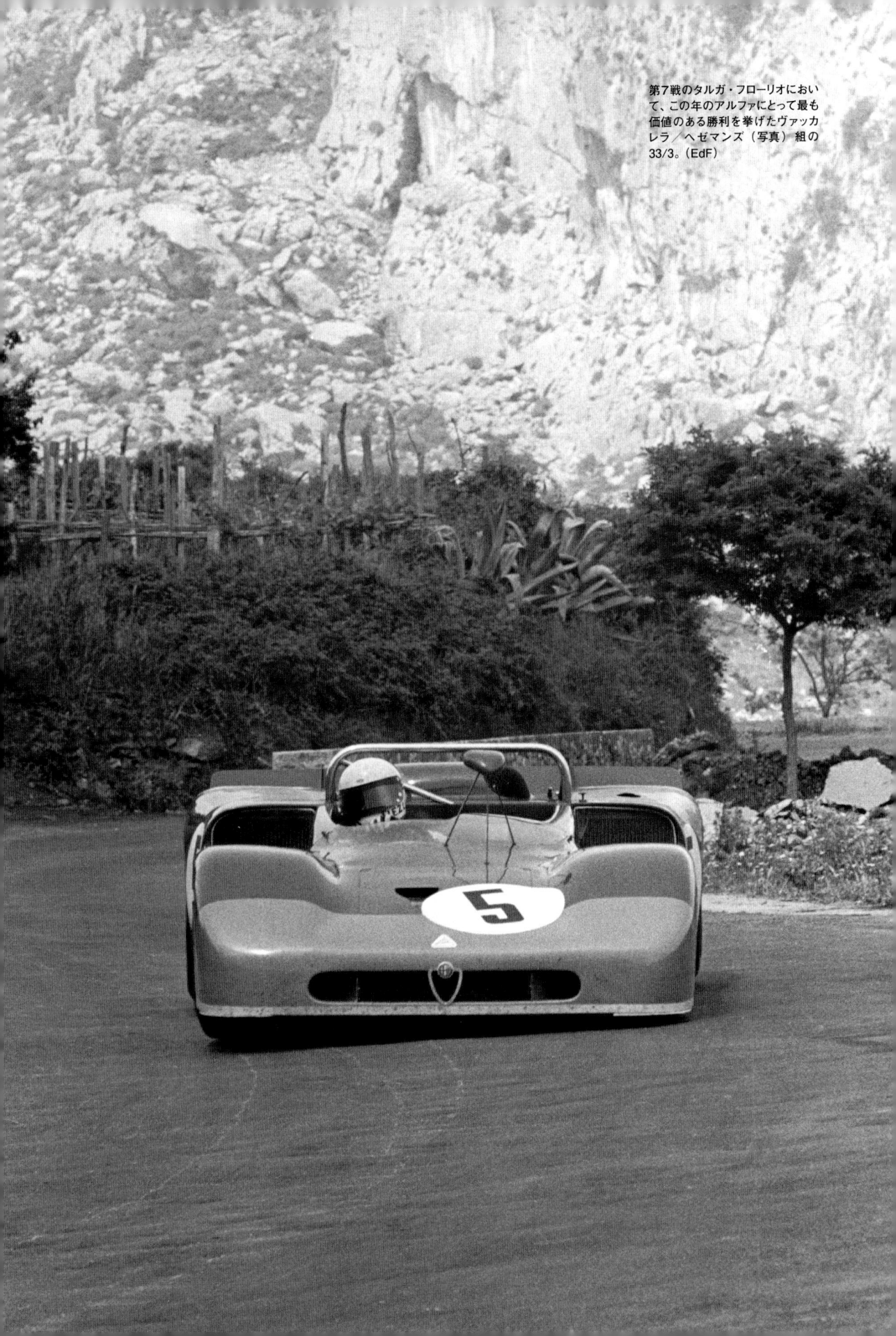

第7戦のタルガ・フローリオにおいて、この年のアルファにとって最も価値のある勝利を挙げたヴァッカレラ／ヘゼマンズ（写真）組の33/3。(EdF)

こちらは2位となったアダミッチ（写真）／レネップ組のマシーン。背後はジェラール・ラルースのポルシェ908/03。2周目、首位のラルースがアダミッチを抜こうとしている場面だが、アダミッチはなかなか抜かせず、このチームプレイでヴァッカレラ組が首位に立った。（EdF）

33/3 (1971)

スパでマシーンを破損した影響などで準備が整わず欠場したため、5年連続このレースを制していたポルシェとアルファの一騎打ちとなった。アウトデルタはこのレースに3台の33/3を出場させた。なお、72年用に開発された新型マシーンも持ち込まれたが、これについては72年の項の最初でふれるものとする。

ドライバーは、このコースがあまり得意ではないペスカローロと、モンザで腕を負傷したギャリに代わって、当初マルティーニ・チームのポルシェ908/03で出場する予定だったが、マシーンが間に合わなかったガイス・ファン・レネップとレオ・キニューネンの2人がスポットで加わった。ドライバーの組み合わせは以下のとおり。
②A.D.アダミッチ／G.V.レネップ組
⑤N.ヴァッカレラ／T.ヘゼマンズ組
⑥R.シュトメレン／L.キニューネン組

公式練習ではアルファ勢が好調な走りを見せ、このコースを熟知するヴァッカレラが34分14秒2のトップタイムをマークしたばかりか、アダミッチ（34分36秒9）、シュトメレン（34分49秒3）と上位を占めた。対照的にポルシェ勢はトラブル続きで35分を切ることさえできず（最速でも35分22秒4）、レース前からアルファの優位は明らかだった。

この年、スタートの方式がまたもや変更され、公式練習のタイム順に15秒間隔でスタートすることになり、まずヴァッカレラが先陣を切り、以下アダミッチ、シュトメレン、そしてマルティーニ・チームのポルシェ908/03を駆るジェラール・ラルースが続いた。

しかし、1周目で早くも波乱が起きる。シュトメレンがスタートからわずか17kmの地点でコースアウト（ギアボックスに問題があったという説もある）、リアの足回りを壊して早くも姿を消してしまったのである。もっとも、ポルシェ勢でもJWチームの908/03が2台ともリタイアとなり、アルファ陣営にとっては楽な展開となったが。

1周目、35分36秒8で走ったラルースのマルティーニ・ポルシェが首位に立ち、4秒差でヴァッカレラが続く。2周目、ラルースは前を走るアダミッチを抜くのにてこずったため、ヴァッカレラが首位に立つ。3周目が終わったところで、アルファ勢は続々とピットに入り、燃料補給とドライバー交代を行なった。

3周目、ラルースから交代したヴィック・エルフォードの908/03が猛烈な追い上げを見せて再び首位に立ち、ヴァッカレラから交代したヘゼマンズに18秒差をつけた。このコースを得意とするエルフォードは、その後もヘゼマンズとの差を広げ、2分半近いリードを奪ったところで6周を終えると、再びラルースにステアリングを渡した。

しかし、ラルースのポルシェは7周目にリアタイヤがパンク、ピットまで30km近くをフラットなタイヤで走らざるを得ず、後退を余儀なくされた（結局これが原因でリアの足回りを傷め、その後クラッシュしてリタイア）。その結果、ヴァッカレラ組が再び首位に立ち、アダミッチ組も2位に浮上した。

レースは、その後もヴァッカレラ組が首位の座を守り抜き、地元出身のヒーローの優勝に観客から大喝采が送られるなかチェッカーを受けて、1950年以来21年ぶりのタルガの勝利を、それも1－2フィニッシュという最高の形でアルファ・ロメオにもたらしたのだった。

ニュルブルクリング1000km
（1971年5月30日）

タルガの勝利で意気上がるアウトデルタは、ポ

ニュルブルクリングで4位となったアダミッチ／ペスカローロ（写真）組の33/3。しかし、3ℓプロトタイプのクラスでは表彰台を独占したポルシェ908/03に敗れ、クラスの連勝記録はストップした。（DPPI-Max Press）

ルシェの地元で開催される第8戦のニュルブルクリングにも以下の3台を送り込んだ。
⑩R.シュトメレン／N.ギャリ組
⑪A.D.アダミッチ／H.ペスカローロ組[009]
⑫N.ヴァッカレラ／T.ヘゼマンズ組

予選では、フェラーリの312PBが7分36秒1という驚異的なタイムをマークしてポールポジションを奪ったが、シュトメレン組も7分45秒1で2位に続き、フロントロウにつけた。3、4位は地元ということで奮起したポルシェの908/03。残りのアルファは、アダミッチ組が7位（7分55秒8）、ヴァッカレラ組は8位（8分01秒2）で4列目に並ぶ。

レースでも、フェラーリがスタートから首位に立つと、圧倒的な速さでシュトメレンとの差をどんどん広げていった。アダミッチ組はポルシェ勢に次ぐ6位。フェラーリはリードを40秒以上まで拡げたが、6周目にオーバーヒートが発生して後退、これによりシュトメレン組が首位に浮上した。4分の1が経過した11周目の順位は、シュトメレン組が依然として首位、ポルシェが2、3位、復帰したフェラーリが4位、アダミッチ組が5位、ヴァッカレラ組が6位。

その後フェラーリが驚異的な追い上げを見せて、13周目には首位に返り咲いた。一方アルファの最上位を走っていたシュトメレン組は14周目

第10戦のオーストリアでポルシェ911Sを周回遅れにしようとするヴァッカレラ／ヘゼマンズ組の33/3。舞台となったエステルライヒリングは3ℓプロトタイプには不利な高速コースだったが、2位に食い込む大健闘を見せた。(EdF)

に潤滑系のトラブルでリタイアに追い込まれる。そしてレースの半分を前にしたところで、フェラーリもオーバーヒートが悪化し、ヘッドガスケットを吹き抜いて姿を消した。

レースは、フェラーリの脱落で順位を繰り上げた3台のポルシェがそのままチェッカーを受け、地元で表彰台の独占を果たした。アルファは、アダミッチ組が4位、ヴァッカレラ組が5位という結果に終わり、開幕から続いていた3ℓクラスの連勝がついにストップした。

オーストリア1000km
（1971年6月28日）

ニュルブルクリンクの次は、シーズン最大のイベント、ルマン24時間だったが、アルファ陣営は早い時期からこのレースには出場しないことを明らかにしていた（そのため4月中旬のテストデイにも参加せず）。欠場の理由としては、イタリア国内の不況の影響で資金難であったためという説が有力である。

その結果、アルファにとって次の戦いは6月末の第10戦オーストリアとなった。このレースにもアウトデルタはレギュラーの3台を出場させた。
①A.D.アダミッチ／H.ペスカローロ組
②R.シュトメレン／N.ギャリ組
③N.ヴァッカレラ／T.ヘゼマンズ組

舞台となったエステルライヒリングは高速型のサーキットだけに、予選では5ℓスポーツカーが上位を占め、シュトメレン組が1分42秒92で6位（3ℓクラスではフェラーリ312PBに次ぐ2位）。以下、アダミッチ組が7位（1分43秒29）、ヴァッカレラ組が8位（1分43秒44）と、アルファが3台続いた。

レースの序盤は、3台のポルシェ917とフェラーリ312PBが首位を争い、彼らのペースについて行けなかったアルファが続くという展開で進行した。その後、上位陣がマシーントラブルや事故で姿を消したため、コンスタントなペースで走っていたアルファ勢が徐々に順位を上げ、結局ヴァッカレラ組がJWチームのポルシェ917に次ぐ2位、シュトメレン組も3位と、予想外の好成績を収めた。なお、アダミッチ組はレースの前半にエンジンの油圧を失ってリタイアとなった。

ワトキンズ・グレン6時間
（1971年7月24日）

そして迎えた最終戦のワトキンズ・グレン。アメリカの東海岸という地理的条件から、アウトデルタはそれまで出場を避けてきたが、この年は好調を維持していたため出場を決めた。マシーンはいつものように3台。ただし、ドライバーの顔ぶれに変化があった。ポルシェのワークス・ドライバーであったイギリス人のヴィック・エルフォードと、F1で活躍していたスウェーデン人の若手ロニー・ペーターソンが加わったのである（後者はスポット契約）。ドライバーの組み合わせは以下のとおり。

㉚ A.D.アダミッチ／R.ペーターソン組
㉝ R.シュトメレン／H.ペスカローロ組
㊱ V.エルフォード／N.ギャリ組

予選では、アダミッチ組が1分09秒22で6位、シュトメレン組が7位（1分09秒80）、エルフォード組は13位（1分16秒07）。ちなみに、エルフォード組は翌年用に開発された新型マシーン、33TT3で出場の予定だったが、練習中にクラッシュしてマシーンを破損したため、スペアの33/3で出場した。

レースの序盤は、ポールポジションからスタートした地元ペンスキー・チームのフェラーリ512M（セブリング以来の出場）が独走し、フェラーリ312PB、JWチームのポルシェ917が続くという展開となった。しかし、512Mと312PBはどちらもやがてマシーントラブルで姿を消し、中盤はアダミッチ組のアルファとJWチームの917が熾烈な首位争いを繰り広げた。

その後、917はタイヤのパンクやスロットルのトラブルなどが相次いで後退、これで首位の座を安泰なものとしたアダミッチ組が917に2周差をつけてチェッカーを受け、シーズンを勝利でしめくくった。なお、他の2台だが、シュトメレン組はレース中盤に周回遅れとからむ事故でリタイア。またエルフォード組は、終盤まで3位につけていたが、残り5分というところで強まった雨のために視界を失い、シュトメレン組同様、周回遅れとからんでリタイアに追い込まれた。

なお、レースの翌日には同じコースでCan-Amシリーズが開催され、アダミッチが前日のウィニング・マシーンで出場して、7位に入っている。ちなみに、このマシーンには4ℓに排気量をアップしたエンジンが搭載される予定だったが、諸々の理由から実現せず、通常の3ℓ仕様が使用された。

以上のように、アルファ・ロメオは71年のマニュファクチュアラーズ・チャンピオンシップにおいて3度の総合優勝を飾り（そのうち2度はス

33/3 (1971)

71年の最終戦ワトキンズ・グレンで、アルファにシーズン3勝目をもたらしたアダミッチ/ペーターソン(写真)組の33/3。だが、ペーターソンは翌72年、ライバルのフェラーリ陣営に加わり、アルファを大いに苦しめることになる。(ACTUALFOTO)

ピードで明らかに勝る5ℓスポーツカーを打破)、ランキングでもポルシェに次ぐ2位に躍進する大成功を収めた。翌72年からは5ℓスポーツカーの出場が認められなくなり、3ℓプロトタイプだけでタイトルが争われることがすでに発表されていただけに、アルファは一躍その最有力候補にのし上がった。

マイナーレースの戦績

71年、アウトデルタは選手権だけでなく、ノンチャンピオンシップ・レースにも33/3を出場させているので、最後に紹介しておこう。

◎5月2日：イモラで開催されたインターセリエ(Can-Amのヨーロッパ版)でツェッコリが4位。
◎6月6日：ベルギーのゾルダーで開催されたインターセリエにヘゼマンズとシュトメレンが出場。ヘゼマンズが3位、シュトメレンは6位。
◎9月12日：イモラで開催された500kmレースでファチェッティが2位。

33TT3 1972

●1972年

33TT3の登場

　この年、スポーツカーレースのレギュレーションがまたもや大幅に改定された。過去2シーズン主役の座にあった5ℓスポーツカー（グループ4）は、スピードの上昇にともなう危険性の増加と開発費の高騰を理由に締め出され、3ℓのスポーツ・プロトタイプ（グループ6からグループ5に改称）のみでタイトルが争われることになったのである。前年のチャンピオンシップで3ℓクラス・トップの活躍を見せたアルファ・ロメオは、当然のことながら新しい選手権におけるチャンピオンの最有力候補と見なされた。

　この期待のシーズンに、アルファは前年から開発を進めていた新型マシーンで臨んだ。ただ、エンジンはそれまでと同じV型8気筒が使用された。最初の計画では、やはり前年から開発を進めていた水平対向12気筒がシーズンの途中から投入される予定だったが、当時イタリア国内で頻発していた労働争議の影響などで開発が滞り、結局この年は姿を見せず、シーズンの最後までV8エンジンが使われ続けることになった。

　駆動系では重要な変更があった。それまでデフの後方にオーバーハングされる形で配置されてい

71年のタルガ・フローリオに初登場したTT3。33/3に比べて上面の凹凸がほとんどないその姿は、明らかに前年デビューしたポルシェ908/03の影響を受けており、ティーポ・テデスコ（German）というニックネームをつけられたという。（EdF）

33TT3 (1972)

たギアボックスが、エンジンとデフの間に移されたのである。これは前輪の荷重を増やすのが狙いといわれ、明らかに70年にポルシェが開発した908/03の影響によるものであった。

車体関係で大きく変わったのはシャシー。33/3のアルミ合金モノコックから、アルミ合金パイプを溶接して製作されたスペースフレームに変更されたのである。この新しいシャシーにちなんで、マシーンの名称もティーポ33TT3（TTはtelaio tuborale、チューブラーシャシー＝スペースフレームの意）と呼ばれることになった。変更の理由は軽量化のためとされ、車重は33/3の660kgに対して580kgと発表されていた。ボディのスタイリングも、33/3より凹凸が少ない、滑らかなラインのものへと変更された。特に凹凸を完全になくし、カマボコを連想させたノーズは、前年のF1でティレルが導入したスポーツカーノーズに影響を受けたのではないかと思われる。なお、足回りなどその他の部分については、すでに実績のある33/3のものがほぼそのまま踏襲された。

TT3は71年のシーズン中にすでにその姿を公の前に現わしていた。初登場はタルガ・フローリオ。一応レースにもエントリーされていたが、実際にはレース前にヴァッカレラやシュトメレンがテスト的に走らせただけに留まった。その後も、ニュルブルクリンクやオーストリアなどのレース

TT3の中身。左右のサイドシル部はモノコックのように見えるかも知れないが、これはパイプにアルミ合金のパネルを張ったものである。ギアボックスがエンジンとデフの間に配置されたことで、エンジン及びドライバーの着座位置が前進している。（EdF）

に持ち込まれ、公式練習で走ってみせたが、芳しい結果が得られなかったため、実際にレースに出場することはなかった。

チャンピオンシップが閉幕した後、イモラ500km（9月12日）とパリ1000km（10月17日）にエントリーされたが、前者はツェッコリが練習中にクラッシュ、後者はシュトメレン/ペスカローロ組が予選で5位につけながら、スタート前のフォーメーションラップでペスカローロがやはりクラッシュしてしまったため、どちらも本番を走ることができず、結局71年中にTT3が実戦を経験することはなかった。

72年仕様のTT3では、前年からいくつかの変更が加えられた。最も大きな変化は、スペースフレームの材質がアルミ合金から鋼管に変更された点である。これはこの年から最低重量の規定（650kg）が再び導入されたため、最初の仕様のままでは軽くなり過ぎることへの対応策と、剛性アップが狙いだったという。また、当時アウトデルタが開発を進めていた不燃性の燃料タンクを採用したことで重量が30kg増えたため、サスペンションの部品などをチタン合金にするなどの軽量化策を試みたが、それでも車重（公称660kgとされていたがかなり疑わしい）はライバルのフェラーリより50kg前後重くなってしまった。

ドライバーの顔ぶれについては、ペスカローロがマートラに戻り、入れ替わりに、前年の最終戦ワトキンズ・グレンに出場したヴィック・エルフォードと、オーストリア人の若手ヘルムート・マルコが加わった。なお、ワークス・ポルシェ（前年限りで耐久レースから撤退）のエース・ドライバーであったジョー・シフェールも加わる予定であったが、10月末にブランズハッチで開催されたF1のノンチャンピオンシップ・レースで事故死をとげたため、実現しなかった。

ブエノスアイレス1000km
（1972年1月9日）

71年から72年のシーズンオフ、TT3はバロッコやヴァレルンガ、ポールリカールなどでテストが重ねられた末に、いよいよシーズンの開幕を迎えた。前年に続いて開幕戦となったブエノスアイレスに、アウトデルタは以下の顔ぶれのTT3が3台と、前年の33/3が1台の計4台を送り込んだ。

②V.エルフォード／H.マルコ組[002]
④A.D.アダミッチ／N.ギャリ組
⑥R.シュトメレン／T.ヘゼマンズ組
⑧N.ヴァッカレラ／カルロス・パイレッティ組 [33/3, 021]

ところが、公式練習が始まっていきなり、アルファ陣営は大きなショックを受ける。TT3はハンドリングに問題を抱え、ライバルであるフェラーリ312PBのペースにまったくついて行けなかったのである。

それでも予選では、シュトメレンが1分58秒90をマークして、フェラーリに次ぐ2位を占めた。他のアルファは、アダミッチ組が6位（1分59秒60）、プライベート・エントリーの33/3（G.アルベルティ／C.ファチェッティ組）が健闘して9位（2分04秒30）、ヴァッカレラ組の33/3が10位（2分04秒42）、エルフォード組はエンジンの不調で13位（2分05秒42）に留まった。

レースでは、好スタートを切ったシュトメレンが1周目のラップを奪ったものの、2周目にスロットルケーブルがひっかかるトラブルが発生してピットイン、順位を大きく落とす。1時間目の順位は、フェラーリが3位まで独占し、4、5位も新顔のローラT280（エンジンはフォード・コスワースDFV）が占め、アルファではアダミッチの6

33TT3 (1972)

開幕戦のブエノスアイレスで4位となったエルフォード（写真）／マルコ組のTT3。ノーズの識別色はエルフォードの母国イギリスに合わせて緑に塗られていた。（DPPI-Max Press）

位が最上位と、苦戦を強いられていた。

アダミッチ組は60周目には4位まで浮上したが、エンジンのライナーにクラックが入るというトラブルに見舞われ、アルファ勢で最初に姿を消した。また、レースに復帰後、フェラーリに劣らぬペースで走っていたシュトメレン組も、72周目にタイヤがパンクしてバリアにクラッシュ、リタイアに追い込まれた。TT3で唯一生き残っていたエルフォード組はエンジンの不調でペースが上がらず、ヴァッカレラ組の33/3も下位に沈んでいた。

レースの半分が経過した時点で、フェラーリが依然として3位までを占め、アルファでは、アルベルティ組のプライベート33/3が4位、エルフォード組も何とか5位まで挽回を見せた。その後、フェラーリの1台がトラブルで後退したため、2台はそれぞれ順位を上げた。

レースはそのままフェラーリが1−2フィニッシュを飾り、アルファ勢ではプライベートの33/3が3位（レースの終盤にはリタイアしたアダミッチもステアリングを握った）、エルフォード組は4位、そしてヴァッカレラ組は9位という結果に終わり、予想したほどシーズンの先行きが明るくないことを思い知らされることになった。

デイトナ6時間
（1972年2月6日）

第2戦のデイトナ（この年は24時間から6時間に短縮）にも3台のTT3が出場した（ヴァッカレラ／ヘゼマンズ組もエントリーされていたが、レースに先立って行なわれた現地テストでマシーンを破損したため出場を断念）。このレースから、

デイトナを走る3台のアルファ。前からシュトメレン／レヴソン（写真）組、エルフォード／マルコ組のTT3。最後尾は練習中のクラッシュでTT3を破損したため、スペアの33/3で出場したアダミッチ／ギャリ組。（EdF）

33TT3 (1972)

地元アメリカのピーター・レヴソンがレギュラーとしてチームに加わった。ドライバーの組み合わせは以下のとおりである。
⑤V.エルフォード／H.マルコ組[002]
⑦R.シュトメレン／P.レヴソン組[003]
⑨A.D.アダミッチ／N.ギャリ組[004]

　ただ、公式練習でアダミッチ組のマシーンはタイヤのバーストからクラッシュしてダメージを負ったため、決勝ではスペアの33/3［023］が使用された。また、レヴソンが個人的にグッドイヤーと契約していたことから、彼のマシーンのみグッドイヤーを装着して出場した（他の2台はファイアストーンを装着）。なお、レース後にアウトデルタとグッドイヤーの間で正式に契約が結ばれ、以後のレースでは全車グッドイヤーを装着することになる。

　予選では、フェラーリが上位3位を独占、アルファ勢は、シュトメレン組が1分46秒77でローラに次ぐ5位、以下エルフォード組が6位（1分48秒06）、アダミッチ組が8位（1分49秒03）という順位であった。

　レースの前半は、フェラーリにトラブルが相次いだことから、シュトメレン組がフェラーリ勢と首位争いを繰り広げた。しかし、中盤から彼らのマシーンはオルタネーターの駆動ベルトがスリップし始めるなどのトラブルが出始め、またアダミッチ組はホイールベアリングが焼き付いてピットストップを強いられて、順位を大きく下げた。そして孤軍奮闘していたシュトメレン組はやがてエ

ブエノスアイレスに続いて、デイトナでもTT3勢では最上位の3位でフィニッシュしたエルフォード／マルコ組。(PP)

ンジンが不調となり、109周目に姿を消したことで、その後はフェラーリの完全な一人舞台となった。

レースは2戦連続のフェラーリの1-2フィニッシュとなり、アルファ勢ではエルフォード組が3位、アダミッチ組の33/3は大きく遅れた5位という結果に終わった。

ルマン・テストデイ
（1972年3月18／19日）

この年、アウトデルタは早くからルマン24時間に復帰することを決め、この恒例の公開テストにも2年ぶりに姿を見せた。マシーンはTT3が1台だけ、ドライバーはツェッコリ、ヴァッカレラ、マルコの3人が交互にステアリングを握った。

マシーンは、高速コースに合わせていろいろ変更が加えられていた。テールがオリジナルより後方に延ばされ、また空気抵抗を減らすためにロールバーの形状が左右非対称のものに変更されていた。さらに、ラジエターのエアインテークがボディの上面から側面の下側に移されていたが、その狙いは空力面ではなく、ラジエターの搭載位置を下側に移すことでマシーンバランスを改善しようというものだったらしい。

肝心のタイムは、ヴァッカレラが3分49秒8をマークして、フェラーリ（2台）、マトラ、ローラに次ぐ5位を占めた。ただ、ギア比が高過ぎてエンジンの回転が伸びず、実力をフルに発揮できたわけではなかったという。

セブリング12時間
（1972年3月25日）

第3戦のセブリングには、以下の4台のTT3が投入された。
㉛R.シュトメレン／P.レヴソン組
㉜V.エルフォード／H.マルコ[002]
㉝N.ヴァッカレラ／T.ヘゼマンズ組
㉞A.D.アダミッチ／N.ギャリ組

過去2戦の苦戦を反映して、マシーンには大幅な変更が加えられていた。ヴァッカレラ組以外の3台は、1週間前のルマン・テストデイに登場した新しいテールと左右非対称のロールバー（シーズン後半には使用が禁止される）を備え、ラジエターのエアインテークもテストデイと同じく側面の下部に移されていた。ただ、ラジエターの変更は右側のみで、左側はそれまでと同じであり、試行錯誤の渦中にあったものと想像される。

予選では、シュトメレン組が2分33秒86を記録し、初めてフェラーリの1台を抑えて3位につけた。以下、アダミッチ組は5位（2分35秒92）、エルフォード組が6位（2分37秒61）。ヴァッカレラ組が9位（2分42秒75）と続く。

レースでは、またもやスタートからフェラーリが上位3位を占め、シュトメレン組がこれに続いたが、やがて燃料ポンプの不調で後退を強いられた。1時間目の順位は、エルフォード組が4位、これにアダミッチ組とヴァッカレラ組が続く。なお、シュトメレン組は黄旗区間での追い越しでペナルティが科され、さらに順位を下げた（裁定に怒ったレヴソンがオフィシャルを殴って失格というおまけまでついた）。

その後、アルファ勢は相次いでトラブルに見舞われる。2時間目にはアダミッチ組がタイヤのバーストからリタイア。アダミッチは失格となったレヴソンに代わってシュトメレン組に加わったが、こちらも中盤にクラッチを破損して脱落した。さらに、レース半分の6時間過ぎにはエルフォード組も油圧の低下でリタイア。残るはヴァッカレラ組だけとなったが、彼らも他車とからんでサスペンションを壊したり、暗くなってからバッテリ

33TT3 (1972)

第3戦のセブリングを走るシュトメレン／レヴソン組（写真でステアリングを握るのはレース途中から加わったアダミッチ）のTT3。ロールバーの形状が変更され、また右側のラジエターのエアインテークが側面下側に移されている点に注意。写真では分かりにくいが、テールも後方に延ばされている。（BC）

ーが上がってコース上にストップするなど、フェラーリを追い上げるどころか、走り続けるのが精一杯という有様だった。

　レースは、フェラーリが開幕から3戦連続の1-2フィニッシュを飾り、何とかトラブルをしのぎ切ったヴァッカレラ組が3位でフィニッシュしたが、優勝したフェラーリとは26周の大差がついていた。マシーンに改良の効果はほとんど見られず、シーズンの先行きにいっそうの不安が生まれただけだった。

BOAC1000km
（1972年4月16日）

　ヨーロッパ・ラウンドの初戦となるブランズハッチには以下の3台が出場した。
⑥A.D.アダミッチ／V.エルフォード組
⑦H.マルコ／N.ギャリ組[002]
⑧R.シュトメレン／P.レヴソン組。

　このレースからレギュレーションが一部変更され、後輪の後ろ側をカットしたいわゆるミニスカート仕様のリアカウルが禁止となったため、最後尾にフェンダーを追加したリアカウルに変更された。また、ドライバーの組み合わせもシュトメレン組以外の2台の間で入れ替えが実施された。

　予選では、フェラーリが例によって上位3位を

占め、シュトメレン組が1分28秒1で4位、アダミッチ組が8位（1分28秒8）、マルコ組が9位（1分30秒0）と続く。アルファ勢のタイムは前年の予選結果（出場した2台とも27秒台をマーク）より遅く、苦しい状況を表わしていた。

レースでも、3台のフェラーリがスタートから上位を独占し、シュトメレン組、アダミッチ組、マルコ組の順でアルファ勢が続いた。レース中、3台のフェラーリの間では順位が頻繁に入れ替わったが、アルファ勢については、終盤にフェラーリの1台がエンジンの不調で後退したため、順位が1位ずつ繰り上がっただけであった。

レースは開幕から4戦連続フェラーリの1－2フィニッシュとなり、シュトメレン組が3位、アダミッチ組が4位、そしてマルコ組は後半にブレーキのパッドを交換したのが響いて、大きく遅れた6位に終わった。

タルガ・フローリオ
（1972年5月21日）

思いもよらなかった開幕4連敗に危機感を深めたアウトデルタの上層部は、続くモンザとスパへの出場を見送り、その次に控えていた第7戦のタルガ・フローリオでは何としてもフェラーリに一矢を報いようと、マシーンの改良とレースへの準備に全力を注いだ。

こうして迎えたタルガに、必勝を期すアウトデルタは以下の顔ぶれの4台を投入した。ドライバ

ブランズハッチを走るシュトメレン／レヴソン（写真）組のTT3。隣のマシーンはローラT280。左右非対称のロールバーや側面下側のラジエター・エアインテークは、このマシーンから影響を受けたのではないかと思われる。（EdF）

この年のアルファにとってのベストレース、タルガ・フローリオを走るマルコ／ギャリ(写真)組のTT3。終盤にマルコが驚異的なペースで首位のフェラーリを追い上げたが、惜しくも17秒差の2位に留まった。(EdF)

ーの組み合わせは以下のとおり。なお、このレースの出場経験がないレヴソンに代わって、ガイス・ファン・レネップが前年に続いてスポットで出場した。
①N.ヴァッカレラ／R.シュトメレン組
②V.エルフォード／G.V.レネップ組
④A.D.アダミッチ／T.ヘゼマンズ組
⑤H.マルコ／N.ギャリ組[002]

　マシーンは多くの変更が加えられていた。試行錯誤が続いていたラジエターのエアインテークは結局最初の上面に戻されたが、それまでやはり上面に設けられていた冷却後の熱風を排出するアウトレットが姿を消した。おそらくエンジンルームを通って最後尾から排出したのだろう。エンジンはカムシャフトの変更などで、中速域からパワーが出るセッティングとされ、足回りもリアサスペンションのジオメトリー変更などが実施された。

　公式練習では、アルファとは対照的に1台だけの出場となったフェラーリ312PBを駆るアルトゥーロ・メルツァリオが33分59秒7のトップタイムを記録したが、アルファ勢も、このコースを得意とするエルフォードが34分06秒2で2位、以下ヴァッカレラが34分34秒5で3位、アダミッチが34分44秒5で4位、ギャリが35分44秒0で5位と、好タイムで続いていたことから、本番に期待を抱かせた。

　この年のスタートはクラス毎にくじ引きで決定され、最初はエルフォード、以後1分間隔でアダミッチ、メルツァリオ、ギャリ、ヴァッカレラの順でスタートしていった。ところがスタートして間もなく、アルファ陣営の作戦を狂わす出来事が

起きる。最も期待されていたエルフォードのマシーンが半周走っただけでシリンダーブロックに穴が開き、早くも姿を消してしまったのである。

1周目の順位は、メルツァリオが首位に立ち、ギャリが42秒差の2位、以下ヴァッカレラ、アダミッチが続く。2周目にはヴァッカレラが2位に上がるが、首位との差は70秒に広がった。2周目が終わったところでアルファは燃料補給とドライバー交代のためにピットイン、ヴァッカレラからシュトメレン、ギャリからマルコに交代した。しかし、シュトメレンのマシーンは3周目の終わりにエンジンのバルブスプリングが破損してコース脇にストップ、アルファで2台目のリタイアとなった。

フェラーリは2位との差を1分46秒まで広げた3周目の終わりにピットストップを行なった。ところが、タイヤ交換と給油の作業に手間取って1分45秒を費やしたため、せっかくメルツァリオが築き上げたリードは帳消しとなり、マルコのアルファが首位に立った。

メルツァリオから交代したサンドロ・ムナーリ（本業はラリー・ドライバー）は乗り慣れないマシーンに苦労を強いられ、5周目が終わった時点で、マルコ組との差は1分半まで広がった。ここで両者ともピットイン（フェラーリはムナーリの勘違いで1周早かったのだが）、マルコからギャリ、ムナーリからメルツァリオに交代した。なお、3位にはアダミッチ組のアルファが続いていたが、5周目にタイヤのパンクに見舞われ、首位争いから脱落した。こうしてレースは、メルツァリオ組のフェラーリとマルコ組のアルファの一騎打ちとなった。

6周目、猛烈な追い上げを見せたメルツァリオが、やがてギャリに追いついた。ギャリは無理に抵抗せず、抜かせてついていくつもりだったが、メルツァリオのペースは段違いに速く、ギャリの視界からすぐに消えてしまった。この周、メルツァリオは34分46秒1をマークして首位を奪い返し、逆にアルファに19秒の差をつけた。

7周目を終え、リードを1分40秒まで広げたメルツァリオはピットに入ったが、またもや作業に手間取り、交代したムナーリがレースに復帰した時、ギャリのアルファがすぐ後ろに迫っていた。つまり、アルファが再び首位に立ったのである。

8周目、ムナーリは周回遅れのランチアを抜いたが、そのランチアがスピン、すぐ後ろにつけていたギャリも衝突を避けようとしてスピン、止まったエンジンの再始動に2分以上を費やしたことから、フェラーリが再び首位に立った。ギャリはこの周の終わりに最後のピットストップを行ない、マルコに交代してレースに戻った。この時点でフェラーリとの差は2分26秒あった。

9周を終えたところで、今度はフェラーリが最後のピットに入り、メルツァリオに交代して28秒で復帰した。その2分50秒後にマルコが通過、つまり10周目に入る時点でフェラーリのリードは1分50秒あった。10周目、マルコが33分54秒8の好タイムをマークして追い上げる一方、メルツァリオは暑さによる体力の消耗に加えて、休憩中に飲んだ冷たい飲料で胃の調子を崩したこともあってペースが上がらず、2台の差は一気に38秒まで縮まった。

そして迎えた最終ラップ。マルコはこの周も驚異的なペースで走り続け（このレースの最速ラップとなる33分41秒0をマーク）、カンポフェリーチェで2台の差は12秒まで縮まり、順位が逆転するのはもはや間違いないかに見えた。しかし、カンポフェリーチェからは海岸線に沿って長い直線が続いていたことがフェラーリに幸いした。最高速で勝るフェラーリがここで差を広げたのである。

33TT3 (1972)

ニュルブルクリングで周回遅れのポルシェ911Sの背後に迫るアダミッチ(写真)／マルコ組のTT3。このレースからリアカウルの上面に追加された左右2枚の大きなフィンに注意されたい。(EdF)

はたして優勝はどちらか。大観衆が固唾を呑んで見守るなか、やがてメルツァリオがコントロールラインを越えた。だが、まだ分からない。1分以内にマルコがゴールすればアルファの逆転優勝となるからであったが、彼がコントロールラインを越えたのは76.9秒後。つまり16.9秒届かず、マルコ組は2位という結果に終わった。アダミッチ組も3位でフィニッシュしたが、上位2台からは実に18分以上も遅れていた。こうしてアルファのシーズン初勝利はまたしてもならなかった。

ニュルブルクリング1000km
(1972年5月28日)

タルガでは惜しくも勝利を逃したものの、ようやく自信を取り戻したアウトデルタは、続くニュルブルクリングにも以下の2台のTT3を出場させた。マシーンの変更点としては、リアカウルの上面に左右2枚の巨大なフィンが追加された点が挙げられる。
④R.シュトメレン／V.エルフォード組
⑥A.D.アダミッチ／H.マルコ組[002]

悪天候の中で行なわれた予選では、いつものようにフェラーリがポールポジションを奪ったが、JWチームから出場したミラージュが2位に食い込んで注目を集めた。アルファ勢は、エルフォー

ド組が3位（8分09秒7）、アダミッチ組が4位（8分16秒0）に続く。

　レース当日も雨模様で、路面がウェットからドライに変化する難しい状況の下でスタートが切られることになり、2台のアルファはレインタイヤを装着してレースに臨んだ。序盤は3台のフェラーリが上位を占めるといういつもの展開となり、その後ろにミラージュとアルファ勢が続いた。

　レースの4分の1が経過した11周目、シュトメレン組がピットに入り、タイヤをインターミディエートに交換したが、ナットの締め付けが完全でなかったためにやがて左前輪が脱落、外れたタイヤを何とか装着し直してピットまで戻ったが、順位を大きく落としてしまう。

　レースの中盤は、大健闘のミラージュとフェラーリの1台が首位争いを繰り広げ、アダミッチ組はフェラーリに次ぐ4位につけていた。レースはそのままの順位で終わるかに見えたが、残り2周というところでミラージュが油圧を失い、健闘空しくリタイアに追い込まれた。

　レースはフェラーリが開幕から8連勝を飾り、ミラージュの脱落でひとつ順位を上げたアダミッチ組がフェラーリ勢に次ぐ3位でフィニッシュした。序盤のトラブルで後退したシュトメレン組は、復帰後最速ラップを記録する勢いで挽回を図ったが、結局11位まで上がったところでレースは幕となった。

右：72年のルマン24時間のスタートに向けてフォーメーションラップを開始した各車。アルファが先頭のように見えるが、実は上位3台のマートラがすでに左側に消え、19番のシュトメレン組は4位からのスタートである。（EdF）

下：ニュルブルクリンクにおけるシュトメレン（写真）／エルフォード組のピットストップ。ただ、後ろにもマシーンがおり、あまり緊張感が感じられないので、もしかすると練習中に撮影されたものかも知れない。（EdF）

ルマン24時間
（1972年6月10／11日）

　この年のルマンは、圧倒的な強さで快進撃を続けるフェラーリ、2年ぶりの出場となるアルファ、そしてチャンピオンシップには参戦せず、このルマンのみに照準を合わせて初優勝を狙うマートラの3つ巴の戦いが期待された。しかし、本番のわずか10日前にフェラーリが欠場を発表したため、アルファとマートラの一騎打ちという構図になった。アウトデルタからは以下の3台のTT3が出場した。

⑰ V.エルフォード／H.マルコ組[002]
⑱ A.D.アダミッチ／N.ヴァッカレラ組
⑲ R.シュトメレン／N.ギャリ組

　マシーンは、直線が長いルマンのコースの性格に合わせて、リアカウルがロングテール（といってもそれほど長くはなかったが）に変更された。この仕様は直線でエンジンの回転が700rpmほど伸びたというが、3台の間でテールの最後端の形状が微妙に異なっていた。

　予選では、万全の準備でレースに臨んだマートラが上位3位を独占。アルファ勢は、シュトメレン組が3分47秒0で4位、エルフォード組が3分50秒2でローラに次ぐ6位、アダミッチ組は3分52秒6で7位という順位であった。

　スタート直後はマートラ勢とローラが上位を占

マートラの1台と競り合うシュトメレン(写真)／ギャリ組のTT3。よく見ると、リアカウルの最後端が下がっていることが分かる。(DPPI-Max Press)

め、アルファはシュトメレン組を頭に6～8位につけていた。その後アルファ勢は徐々に順位を上げ、2時間目にはシュトメレン組がマートラに次ぐ2位に浮上、そしてマートラのピットストップで首位に立った。しかし、首位に立って30分もしないうちに燃料噴射のメータリング・ユニットにトラブルが発生して首位の座を明け渡した。

レースの前半、マートラの1台がトラブルで後退したことから、アルファは3～5位を走っていた。しかし、3位にいたアダミッチ組はやがてクラッチが不調となり、ピットに入って交換したが、ギアボックスのレイアウト上から作業に1時間弱を費やしたため順位を下げた。

レースの半分が経過した12時間目の順位は、マ

33TT3 (1972)

エルフォード／マルコ（写真）組はレース後半にリタイア。ちなみに、マルコはこの3週間後に開催されたF1フランスGPにおいて前車が跳ねた石で目を負傷、これが原因で引退を余儀なくされた。現在はレッドブルのF1チームでアドバイザー的立場にある。（ACTUALFOTO）

ートラが再び上位3位を占め、その後ろにシュトメレン組、エルフォード組、アダミッチ組の順でアルファが続いていた。

　やがてレースは2日目の朝を迎える。アルファは、シュトメレン組がマートラ勢に次ぐ4位、エルフォード組もポルシェ908に次ぐ6位にいたが、やがてエルフォード組はアダミッチ組に続いてクラッチ（この年のアルファの弱点だったらしい）が不調となってピットイン、18時間目を目前にしたところでリタイアに追い込まれた。それから30分もしないうちに、今度はシュトメレン組がデフの破損でリタイアとなり、残るアルファは6位にいたアダミッチ組の1台だけとなった。

　レース終盤、上位にいた2台がマシーントラブルでリタイアしたため、アダミッチ組は4位に繰り上がり、そのままチェッカーを受けた。レースはマートラが1-2フィニッシュを飾り、アルファはかろうじて全滅だけは避けられたとはいえ、またしても失望を味わわされる結果となった。

　ルマンの後も、マニュファクチュアラーズ・チャンピオンシップはオーストリアとワトキンズ・グレンの2戦を残していたが、アウトデルタはそれ以上の参戦は無意味と判断し、結局この年のデビューは果たせなかった水平対向12気筒エンジンの開発に専念するため、以後の2戦にはマシーンを送らなかった。こうして開幕前はチャンピオンの最有力候補と持ち上げられ、大いなる期待を

72年のルマンにおいて、アルファ勢で唯一完走を果たし、4位でフィニッシュしたアダミッチ（写真）／ヴァッカレラ組のTT3。彼らのマシーンは110ページのシュトメレン組と異なり、リアカウルの上面が最後端まで真っ直ぐ延びていた。(ACTUALFOTO)

胸に迎えたシーズンは、ついに1勝もできずに終わるという予想外の展開で幕を閉じたのだった。

チャンピオンシップの総合成績では、アルファはフェラーリに次ぐ2位の座こそ守ったものの、獲得したポイントは85点と、208点のフェラーリに大差をつけられたことが、この年の彼らの苦しい戦いぶりを如実に表わしていた。

マイナーレースの戦績

この年、TT3は上記以外のレースにも出場しているので、簡単にふれておく。
◎5月1日：イモラで開催されたインターセリエにギャリが出場して総合4位。
◎9月5日：モンザで開催されたレースにアダミッチが出場。他の出場車は2ℓマシーンがほとんどで、大差をつけてTT3の初優勝を飾る。
◎9月17日：恒例のイモラ500kmにアダミッチとツェッコリが出場。アダミッチは2台のフェラーリに次ぐ3位。ツェッコリはリタイア。
◎10月1日：ホッケンハイムで開催されたインターセリエに、アダミッチがワークスから借り出したTT3で出場して6位。

翌73年、アウトデルタはパワーユニットをいよいよ待望の水平対向12気筒へと切り換えることから、67年のデビュー以来続いてきたV8エンジンの時代はこの年が最後となった。

33TT12 1973

73年のタルガ・フローリオを走るレガッツォーニ（写真）／ファチェッティ組のTT12。予選でマシーンを破損し、決勝には出場していないので、練習か予選で撮影されたものだろう。それにしても背景の美しさに思わず目を奪われてしまう。（EdF）

シーズン後半のオーストリアに出場したシュトメレン（写真）／レガッツォーニ組のTT12。大きな特徴だった、ロールバーまで覆ったリアカウルがカットされている点に注意されたい。（ACTUALFOTO）

33TT12 1974

74年の開幕戦モンザで2位となったイクス(写真)／シュトメレン組のTT12。ノーズなど各部がイクスの母国ベルギーのナショナルカラーである黄色に塗られている。もっともイクスはその後チームへの出入りを繰り返すので、ほとんど意味のないものとなるが。(DPPI-Max Press)

イクス組のピットストップ。コクピットのドライバーはシュトメレン。その向こうにイクスの姿も見える。(DPPI-Max Press)

このレースで優勝したメルツァリオ(写真)／アンドレッティ組のTT12。ちょっと分かりにくいが、ノーズなどの識別色は緑。2人のドライバーはイギリスと無関係なので、こちらは特に意味なく決められたのだろう。後ろに見えるのはこの年の宿敵マートラ(リアウィングが折れ曲がっているのに注意)。(EdF)

33TT12 1974

74年のルマン・テストデイに参加したTT12。ステアリングを握っているのはシュトメレン。レースではないので、2台とも識別用のカラーリングは施されていなかったようだ。（DPPI-Max Press）

テストデイに参加したもう1台のTT12。コクピットに座るのはメルツァリオ。彼は小柄な上に、コクピットに潜り込むようなドライビングポジションを好みとしていたことで知られていた。（DPPI-Max Press）

74年のニュルブルクリングで2位となったシュトメレン（写真）／ロイテマン組のTT12。このコース名物のジャンピングスポットを通過した直後で、後輪がわずかに浮いている。（DPPI-Max Press）

こちらは3位となったアダミッチ／ファチェッティ（写真）組のマシーン。（DPPI-Max Press）

33TT12 1974

74年のイモラで2位入賞を果たしたシュトメレン（写真）／ロイテマン組のTT12。どこかにぶつけたのか、ノーズのスポイラーを失ってしまっている。（DPPI-Max Press）

イモラのシュトメレン組のマシーンをもう1枚。ノーズの上面にエアインテークが追加されているが、コクピットの換気用だろうか。ちなみに、後ろのマシーンはローラT294（2ℓ）。(EdF)

33TT12 1974

イモラでシュトメレン組に次ぐ3位となったアダミッチ／
ファチェッティ（写真）組のTT12。この年もアダミッチ
の乗るマシーンは白が識別色とされていた。（DPPI-
Max Press）

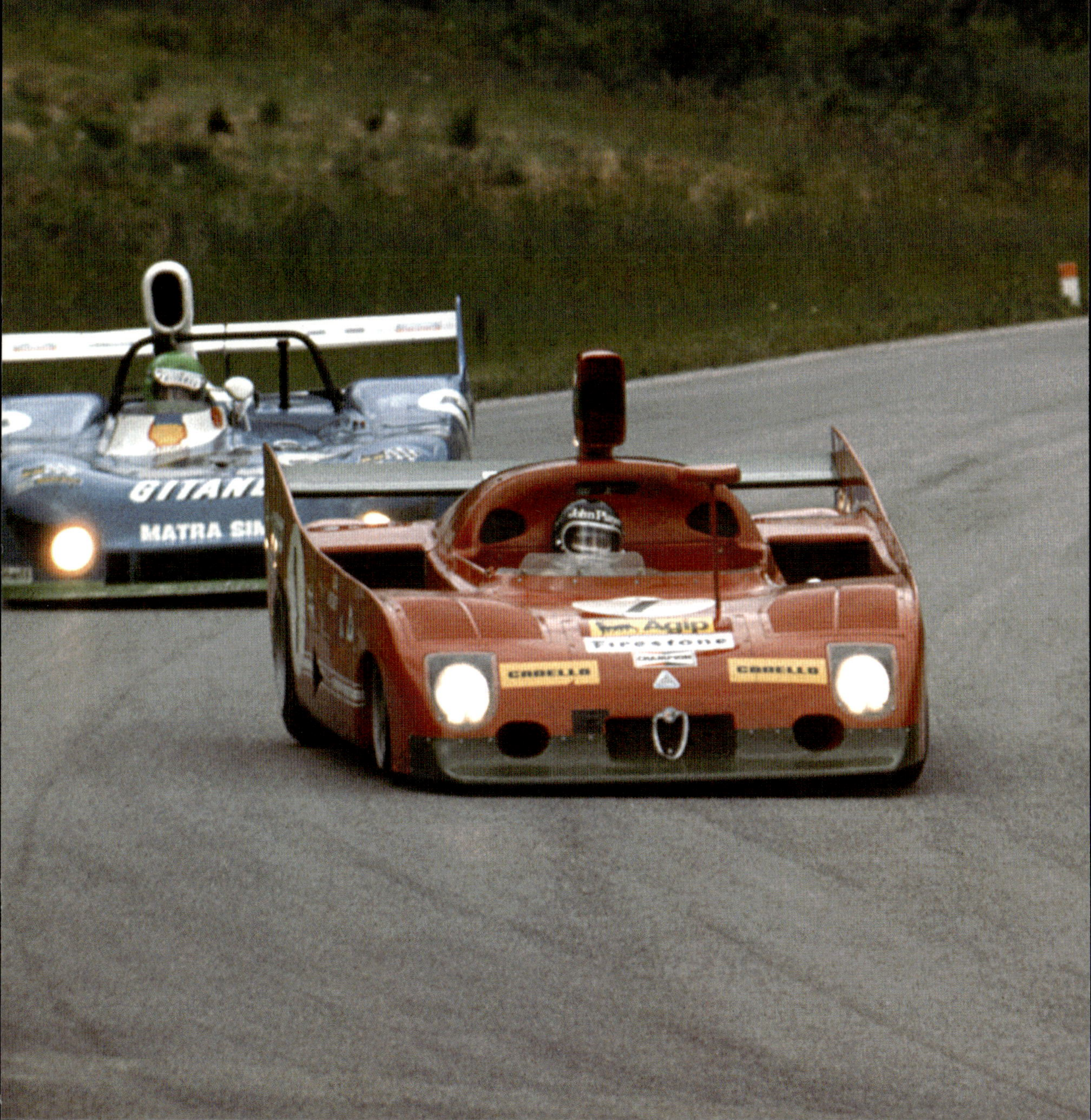
MATRA
Agip
Firestone

33TT12 (1974年)

K.HIGAKI

1974年4月25日のモンザ1000kmで優勝したアルファロ・メルツァリオ／マリオ・アンドレッティ組の33TT12。この個性的なスタイリングの決定には、後にルノーやリジェでF1マシーンを設計したミシェル・テトゥが関わっていたという。

33TT12 1975

75年の第2戦ディジョンのスターティング・グリッド。手前のTT12は予選3位（ただしポールシッターと同タイム）のメルツァリオ／ラフィット組。隣りはマルティーニ・レーシングのポルシェ908/03ターボである。（EdF）

ディジョンで快勝したメルツァリオ（写真）／ラフィット組のTT12。後ろにチームメイトのベル／ペスカローロ組も続いているが、こちらはマシーントラブルのせいで4位に留まった。（EdF）

ディジョン1000kmにおけるメルツァリオ／ラフィット組のピットストップ。（EdF）

33TT12 (1975年)

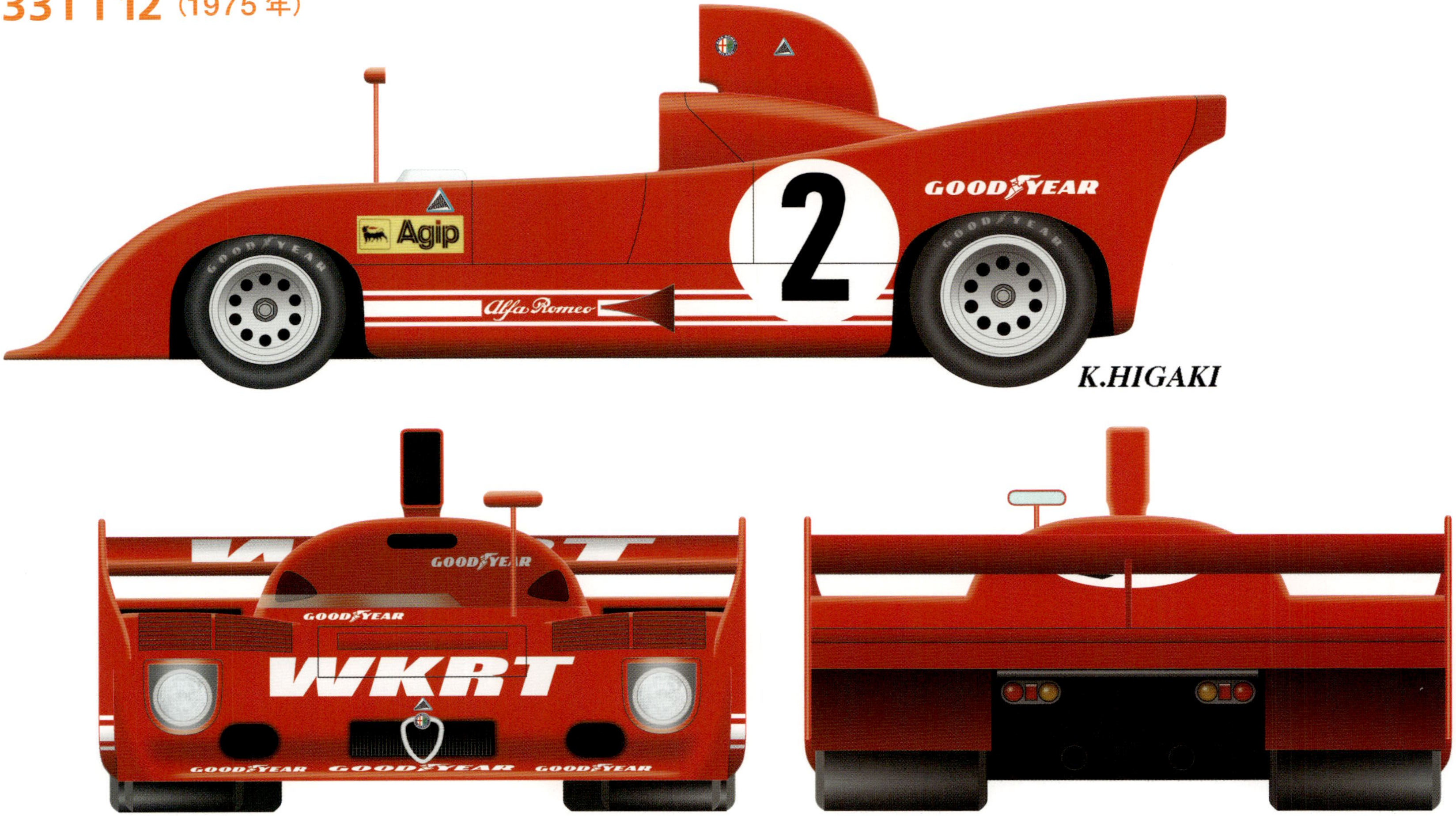

K.HIGAKI

1975年4月6日のディジョン1000kmで優勝したアルトゥーロ・メルツァリオ／ジャッキー・ラフィット組の33TT12。マシーン自体は前年とほとんど変わりなかったが、122ページのロングテール仕様に対して、こちらはショートテール仕様を選んでみた。

33SC12 1976-1977

76年の第4戦エンナに出場したメルツァリオ（写真）／カゾーニ組のSC12。74年のページにこの写真を紛れ込ませても多分気づかれないだろうが、コクピットの左右に追加されたロールバーの補強用パイプで何とか区別がつく。（ACTUALFOTO）

77年のチャンピオンシップ（レース名は不明だが、ディジョンあたりか？）でランデブー走行を繰り広げる2台のSC12。前がブランビッラ、後ろがメルツァリオ。（ACTUALFOTO）

第2戦のモンザを走るジャリエのSC12。ただ、ブレーキの不調で決勝には出場しなかったので、これは練習か予選で撮られたものと思われる。（ACTUALFOTO）

33SC12 (1977年)

K.HIGAKI

1977年4月24日のモンツァ500kmで優勝したヴィットリオ・ブランビッラの33SC12。74年のマシーンとは、外観的にロールバーの補強やヘッドライトの廃止程度の違いしかない。ちなみに"Fernet Tonic"とは、この年スポンサーについたイタリアの飲料メーカーの商品名である

33TT12
33SC12

第3章 水平対向エンジン時代

1973——1977年

Ｖ８エンジンに限界を感じたアルファは、
新たなパワーユニットとして水平対向12気筒を開発し、
73年から世界選手権に投入した。
そして最初の２シーズンこそ期待外れの成績に終わったが、
75年と77年にはついに念願のタイトル奪取に成功する。
しかし、スポーツカーレース自体の劇的な変化からは取り残され、
結局ティーポ33の歴史にピリオドが打たれることになる。
その最後の４シーズンにスポットを当てる。

33TT12 1973-1975

●1973年

水平対向12気筒の登場

　72年のマニュファクチュアラーズ・チャンピオンシップにおいて、フェラーリに完膚なきまでに叩きのめされたアルファ・ロメオは、雪辱を期して73年のチャンピオンシップに、かねてから開発中だった水平対向12気筒エンジンを投入することを決めた。

　このエンジンがフェラーリの水平対向12気筒に刺激を受けて開発されたものであることは間違いないだろう。ボア・ストロークは77×53.6mmで、総排気量は2995cc。圧縮比（11.0：1）、動弁機構（ギア駆動によるDOHC 4バルブ）、燃料供給（ルーカスの機械式燃料噴射）、電装関係（マレッリのディノプレックス）などはV8から変わりない。クランクシャフトは7メインベアリング（ちなみにフェラーリはフリクションを減らすために4個）。最高出力は450bhp／11000rpmと発表されていたが、実際には470bhp前後は出ていたらしい。ギアボックスは新設計の5段仕様で、TT3と同じくエンジンとデフの間に配置されていた。

　車体関係も一新された。シャシーはTT3の鋼管スペースフレームをベースに、大柄な12気筒エンジンの搭載に対応して幅や長さが変更された（そのため車名も「TT」が受け継がれ、ティーポ33TT12と呼ばれる）。またボディスタイリングも、リアカウルがロールバーまで完全に覆ったものになるなど、TT3とはまったくの別物へと

73年にようやくデビューを果たした水平対向12気筒エンジン。ただ、この写真は75年末にF1のブラバム・チームへの供給が発表された時に使われたもので、スポーツカーレース用とは多少の仕様の違いがあるかも知れない。

33TT12 (1973)

生まれ変わった。ちなみにスタイリングを担当したのは、当時アウトデルタに在籍していたフランス人エンジニアのミッシェル・テトゥ(後にルノーやリジェのF1チームで活躍)である。足回り関係はTT3のものがほぼそのまま踏襲され、車重はTT3から10kg増の670kgと発表されていた。

完成したエンジンはまず、TT3を改造した車体に搭載されて、72年秋からバロッコでテストが開始された。やがて新しい車体が完成するとこれに載せ換えられ、テストが続けられた。ちなみに、ポールリカールで行なわれたテストではシュトメレンがマートラのタイムを2秒短縮したという説もあるが、その後の戦いぶりから考えると、これはいささか疑わしい。

TT12のエンジン回り。ギアボックスはTT3同様、エンジンとデフの間に配置されている。3ℓ V8マシーンではアウトボードに配置されていたリアブレーキが、2ℓ時代と同じインボードに戻されている点に注意。(EdF)

TT12の後部を下側から見た珍しいショット。リアサスペンションのロワーアームがパラレルリンクとなっている。70ページの70年の写真では逆Aアームであり、いつから変更されたかは不明。

73年の第5戦スパでようやくデビューしたTT12。ノーズの先端にはスポイラーが装着されておらず、真っ直ぐ下に落とされている点が目を引く。(EdF)

　アウトデルタは73年シーズンを専らマシーンの熟成に当て、翌74年に本格的にタイトルを狙う計画を立てていた。そのため、レース体制は前年より大幅に縮小され、ドライバーで残留したのはアダミッチとシュトメレンの2人だけ、これにフェラーリから移籍したスイス人のクレイ・レガッツォーニと、それまでのセミ・レギュラーからレギュラーに昇格したカルロ・ファチェッティの計4人の陣容となった。

スパ・フランコルシャン1000km
（1973年5月6日）

　73年のチャンピオンシップは2月初めのデイトナで開幕した。このレースにアルファの姿がなかったのは、地理的条件やレース距離（この年から24時間に戻る）などから考えて特に不思議はなかったが、舞台がヨーロッパに移り、以後のヴァレルンガ、ディジョン、モンツァの3レースにも、アルファの新型マシーンは一向に姿を現わさなかった。理由としては、依然として続いていたイタリア国内の労働争議の影響といわれていたが、マシーンの熟成不足と見る向きもあった。

　TT12がようやく姿を見せたのは、5月初めに開催された第5戦のスパ。それでも出場したのは、何とか間に合わせた⑦A.D.アダミッチ／R.シュトメレン組の1台だけだった。

　予選では、シュトメレンが6位にあたる3分17秒7を記録したが、アダミッチに交代した後、スタヴェロの高速コーナーで突然左後輪がバースト、バリアにクラッシュしてしまう。そして車体のダメージがレース本番までには修理が間に合わないほど大きかったため、残念ながらこのレースでのデビューは諦めざるを得なかった。

タルガ・フローリオを走るアダミッチ／シュトメレン（写真）組のTT12。ノーズの先端にスポイラーが追加された。いつものことながらこの時代のタルガの写真は、マシーンはもちろんのこと、背後の風景から当時の雰囲気が伝わってきて楽しい。（EdF）

タルガ・フローリオ
（1973年5月13日）

スパから1週間後のタルガ・フローリオで、TT12はついにデビューを果たす。このレースにアウトデルタは以下の顔ぶれの2台を投入した。スパからのマシーンの変化としては、ノーズの先端にスポイラーが追加された点が挙げられる。

⑥A.D.アダミッチ／R.シュトメレン組
⑦C.レガッツォーニ／C.ファチェッティ組[001]

スタート順を決定するためにこの年から導入された予選では、シュトメレンが33分41秒1の好タイムをさっそくマークし、アルトゥーロ・メルツァリオのフェラーリ（33分38秒5）に次ぐ2位につけた。また、レガッツォーニも34分20秒8という3位のタイムを記録したが、次の周にクラッシュ。修理のためのパーツが足りなかったため、決勝への出走を断念し、アダミッチ組の1台だけが出場することになった（こちらも軽くクラッシュしたが、ダメージが少なかったので修理して出場）。

レースは、予選のタイム順に20秒間隔でスタートするという方式で行なわれ、まずメルツァリオのフェラーリ、次いでシュトメレンのアルファがスタートしていった。ところが、メルツァリオはわずか5km走っただけでタイヤがパンク、1周目は先頭で戻ってきたシュトメレンがもう1台のフェラーリを大きく引き離して首位に立った。

2周目、シュトメレンはリードをさらに広げ、しかも3周目には2台のフェラーリがトラブルなどで相次いで姿を消したことから、アルファにとっては願ってもない展開となる。3周目が終わったところでシュトメレンはピットに入り、燃料補給とドライバー交代を行なった。

アダミッチに交代してレースに復帰した時点で、アルファと2位に上がってきたマルティーニ・チームのポルシェ・カレラRSRとの差は6分近くもあった。ところが4周目、周回遅れのランチアを抜こうとしたアダミッチのマシーンは、ランチアに押し出される形でコースアウト、道路脇の石柱に激突してあえなくリタイアとなってしまう。

こうしてこのレースでの2年ぶりの優勝は惜しくもならなかったが、それでもデビューレースでいきなり首位争いを繰り広げたことで、アルファ陣営はTT12のポテンシャルに自信を深めた。

ニュルブルクリンク1000km
（1973年5月27日）

このレースには以下の2台のTT12が出場した。マシーンはタルガの時からほとんど変化はなかったらしい。

⑧A.D.アダミッチ／R.シュトメレン組
　（タルガ使用車）
⑨C.レガッツォーニ／C.ファチェッティ組（新車）

予選は、この年の選手権で熾烈なタイトル争いを繰り広げていたマートラとフェラーリの1台ずつがフロントロウを占めたが、シュトメレン組のアルファも7分19秒5を出して3位の好位置につけた。レガッツォーニ組は7分26秒9で、残りのマートラとフェラーリに次ぐ6位。

レースは、ポールポジションからスタートしたマートラがリードし、これをフェラーリが追う展開となる。シュトメレンのアルファは3位につけていたが、上位2台のペースにはついていけず、徐々に差を広げられた。2周目、レガッツォーニ組のアルファがコース脇にストップ、エンジンのバルブトラブルで早くもリタイアとなった。

1台だけとなったアルファは3位のまま、8周を終えたところでピットイン、燃料補給と同時に、シュトメレンからアダミッチに交代した。だが、レースの4分の1が経過した11周目、エンジンか

33TT12 (1973)

第7戦のニュルブルクリンクを走るアダミッチ（写真）／シュトメレン組のTT12。出場した2台はこのレースにおいても完走はならなかった。
（DPPI-Max Press）

ら異音が出始めたため、この周の終わりにピットイン。結局二度とコースに出て行くことはなかった。リタイアの原因は、オイルシールの不良によるクラッチトラブルと発表されていたが、レガッツォーニ組同様エンジントラブルではなかったかと疑う意見も多かった。

オーストリア1000km
（1973年6月24日）

ニュルブルクリンクの次の選手権レースはルマンだったが、デビュー直後で24時間を走り抜くだけの耐久性がまだ備わっていない新型マシーンが出場するはずもなく、次の出番は6月末のオーストリアとなった。

出場したのは④R.シュトメレン／C.レガッツォーニ組［001］の1台だけ。ニュルブルクリンクからのマシーンの変化としては、リアカウルのロールバーを覆っていた部分がカットされた点が挙げられる。意図は不明だが、軽量化及びオリジナルのリアカウルの空力的効果の確認といったところだろう。

ところが、予選でTT12にはトラブルが相次いだ。潤滑系のオイルパイプが二度破損し、エンジン交換を繰り返すはめになったのである。このトラブルでわずか2周しかできず、予選の結果はノータイムということになったが、主催者の配慮で最後尾からのスタートが許された。

しかし、レースでもトラブルはつきまとった。1周目に7位まで順位を上げたものの、6周目頃からエンジンが不調となり始めた。さっそくピッ

アルファにとって73年の選手権で最後のレースとなったオーストリアを走るシュトメレン／レガッツォーニ（写真）組のTT12。最大の特徴のリアカウルがカットされ、ロールバーが露出している。その左右の四角い箱は、エンジンのインダクションボックスだろう。（ACTUALFOTO）

トに入り、燃料系統のプレッシャーリリーフバルブや燃料噴射のメータリングユニット、点火系のブラックボックスなどをいろいろ調べた末に、点火系のディストリビューターのキャップにクラックが入っていることが判明したが、修理を終えてコースに戻った時、レースはすでに中盤に入っていた。その後は特に大きな問題もなく走り続けてチェッカーを受けたが、ピットストップにおけるタイムロスが大きく、周回数不足で完走とは認められなかった。

あまりのトラブルの多さに、アウトデルタは1ヵ月後の最終戦ワトキンズ・グレンへの出場を取り止め、結局73年のチャンピオンシップは一度も完走できず、ノーポイントという散々な成績で幕を閉じたのだった。

イモラ500km
（1974年9月15／16日）

チャンピオンシップが閉幕した後、実はTT12はもう1戦だけレースに出場している。9月中旬に毎年恒例としてイモラで開催されていた500kmレース（別名シェルカップ）がそれで、アウトデルタは1968年以来欠かさず出場していた。エントリーされたのは①R.シュトメレンの1台だけ（もう1台出場するはずだったが、バロッコでテスト中にクラッシュして実現せず）。マシーンは、オーストリアで改造を受けたリアカウルがオリジナルに戻されていた。

レースは、予選2レースと決勝レースという方式で行なわれた。この年の選手権で2大勢力だったマートラとフェラーリは姿を見せず、アルファにとって競争相手といえるのはJWチームのミラージュくらいだった。

シュトメレンはまず予選の第2レースに出場したが、タイヤの選択を誤り、コンパウンドが柔らか過ぎたためにチャンキングが発生、ミラージュ

33TT12 (1974)

とローラに次ぐ3位に留まった。決勝レースでは、硬いタイヤに変更して出場し、ミラージュと首位争いを繰り広げたものの、結局6秒差の2位という結果に終わっている。

●1974年

73年からの変更点

　73年シーズンを新型TT12の熟成の年と位置づけながら、その狙いをうまく達せず、2年続けて失意のうちにシーズンを終えたアルファ・ロメオは、73年から74年にかけてのシーズンオフ、TT12の熟成に熱心に取り組んだ。

　マシーンは前年と基本的に大きな違いはなく、変更は小幅なものに留まり、主に各部の耐久性の向上などに力が注がれた。エンジンは最高出力が490bhpまでアップされ、タイヤはグッドイヤーに代えてファイアストーンと契約が結ばれた。

　チーム体制も、タイトルを狙って大幅に整え直され、レギュラーは3台に規模が拡大された。ドライバーは、前年の4人のうち、フェラーリに戻ったレガッツォーニ以外の3人は残留し、またF1に専念するためにスポーツカーレースから撤退したフェラーリから、ジャッキー・イクス、アルトゥーロ・メルツァリオ、マリオ・アンドレッティ、カルロス・ロイテマンの4人が加わった。

ルマン・テストデイ
(1974年3月23／24日)

　前年に勃発した石油危機の影響で、いつもの年なら開幕戦となるデイトナがキャンセルされたため、TT12がこの年最初に公の前に登場したのは、毎年恒例のルマン・テストデイということになった。この公開テストに、アウトデルタからはシュトメレンとメルツァリオの2台が参加した。

74年のルマン・テストデイに参加したTT12。写真のメルツァリオが参加車中トップのタイムを記録した。前年のオーストリアでカットされたリアカウルが復活し、その上部にインダクションボックスが追加されている。(DPPI-Max Press)

74年選手権の開幕戦モンザを制したメルツァリオ（写真）／アンドレッティ組のTT12。前年はリアカウルがすべてショートテールだったので、ロングテールはこのレースが初お目見えということになる。（EdF）

　テストでは、メルツァリオが3分31秒0、シュトメレンも3分31秒8をマークし、この年のチャンピオンシップでライバルとなるマートラ（3分35秒5）を抑えて、トップを奪った。

　2日目の午後には4時間レース（2時間×2回）が催され、アルファやマートラも参加した。第1レースではシュトメレンが優勝したものの（メルツァリオはスタートできなかったらしい）、第2レースではメルツァリオとシュトメレンのどちらもリタイアという結果に終わっている（ちなみに総合成績ではリジェJS2が優勝）。

モンザ1000km
（1974年4月25日）

　74年のマニュファクチュアラーズ・チャンピオンシップは4月末のモンザで幕を開けた。フェラーリが前年限りで撤退したことで、この年のチャンピオンシップは前年の覇者マートラとアルファの戦いという構図になったが、地元で開催されるこのレースにアウトデルタは3台のTT12を投入した。ドライバーの組み合わせは以下のとおり。

③A.メルツァリオ／M.アンドレッティ組［008］
④J.イクス／R.シュトメレン組
　［007、ただし011という説もある］
⑥A.D.アダミッチ／C.ファチェッティ組［009］

　レース前の予想では、前年の成績からマートラが優位にあると見られていたが、予選ではその予想を覆し、メルツァリオのアルファが1分28秒26のトップタイムを叩き出し、2台のマートラを抑えてポールポジションを奪った。他の2台もマートラを挟む形で、アダミッチ組が3位（1分29秒70）、イクス組が5位（1分30秒84）と、好位置につけた。

　レース当日は朝に雨が降り、その後天候は回復しつつあったが、スタート時の路面はまだ濡れており、出場車のほとんどはレインタイヤを装着し

モンザで2位に入賞したイクス（写真）／シュトメレン組のTT12。メルツァリオ組のマシーンと、コクピット開口部の縁のラインが微妙に違っているのが分かるだろうか。（DPPI-Max Press）

てレースに臨んだ。アルファではイクス組がインターミディエートを選んだが、いざレースが始まると、他車より10秒も遅かったため、すぐピットに入ってレインタイヤに交換するはめになる。

レースは、1周目こそメルツァリオがラップを奪ったものの、2周目にはマートラが首位に立ち、メルツァリオ組との差を徐々に広げた。しかし、首位のマートラは11周目にエンジントラブルで脱落、その後はメルツァリオ組のアルファともう1台のマートラの首位争いとなったが、こちらのマートラも65周目にやはりエンジントラブルで姿を消してしまう。

マートラ勢の相次ぐリタイアで首位の座を安泰なものとしたメルツァリオ組は、レース後半もその座を守り抜いてチェッカーを受け、TT12の初優勝を飾った。残りの2台は、ほぼノートラブルだったメルツァリオ組とは対照的に、どちらもタイヤに起因するトラブルで苦戦を強いられたが、他に強力な競争相手がいなかったため（非力なJWチームのミラージュ程度）、イクス組が2位、アダミッチ組も3位でフィニッシュし、地元で表彰台を独占するという幸先の良い結果となった。

ニュルブルクリング1000km
（1974年5月19日）

第2戦のスパはモンザからわずか10日後に開催されたため、準備が整わなかったこと、また当時問題となっていたスパのコースの危険性も考慮して、アウトデルタは欠場を決めた。その結果、マートラとの第2ラウンドは第3戦のニュルブルクリング（石油危機の影響で実際のレース距離は750kmに短縮）となった。

このレースでは、アルファのドライバーに入れ替わりがあった。イクスに代わってアルゼンチン人の若手カルロス・ロイテマンが加わり（イクスの離脱の理由ははっきりしないが、アルファが

第3戦のニュルブルクリングで3位争いを繰り広げるシュトメレン（写真）／ロイテマン組とメルツァリオ（写真）／レッドマン組のTT12。レースでは、前者が2位、後者はマシーントラブルでリタイア。低速コースなのにモンザと同じリアカウルが使用されている点に注意。(PP)

欠場したスパでライバルのマートラに加わったのが影響したのかも知れない）、また母国アメリカのレースを優先するアンドレッティに代わって、イギリス人のベテラン、ブライアン・レッドマンがスポットで加わった。組み合わせは以下のとおりである。マシーンについては、メルツァリオ組以外の2台はハンドリングの向上のためにフロントのスポイラーがわずかに大型化されたというが、見ただけでは区別がつかない。

③R.シュトメレン／C.ロイテマン組[007 or 011]

④A.D.アダミッチ／C.ファチェッティ組[009]
⑤A.メルツァリオ／B.レッドマン組[008]

予選では、快調な走りを見せたマートラの2台がフロントロウを独占したのに対し、アルファはエンジントラブルなどもあって、メルツァリオ組が7分18秒8で3位、シュトメレン組が4位（7分19秒8）、アダミッチ組が7位（7分31秒6）に留まった。

レースの本番でも、スタートからマートラが上位2位を占める展開となり、アルファは徐々に差を広げられてしまう。しかも、メルツァリオとシ

33TT12 (1974)

ュトメレンが3位争いを繰り広げたり、ファチェッティとロイテマンが接触するなど、チームメイト同士のトラブルもあった。その後マートラの1台がエンジントラブルで後退したことから、アルファ勢はそれぞれ順位を上げたが、2位にいたメルツァリオ組のマシーンは残り4周というところでオイルクーラーが破損、オイルを噴き出してストップしてしまい、リタイアとなった（それでも9位と認められた）。

　レースは、スタートから終始リードを保ったマートラが優勝、シュトメレン組が2位、アダミッチ組が3位という順位で幕を閉じたが、速さの点でアルファはマートラに太刀打ちできないことが如実に証明されたレースであった。

イモラ1000km
（1974年6月2日）

　この年、伝統のタルガ・フローリオがついにチャンピオンシップから除外され、それに代わってイタリア北部のイモラで開催される1000kmレースが第4戦となった。このレースにも3台のTT12が出場した。

　ニュルブルクリンクでマートラとの力の差を思い知らされたアウトデルタは、マシーンの改良に取り組んだ。TT12の弱点はハンドリングに難があったことだった。そこでアダミッチ組以外の2台は、ホイールベースを150mm縮め、リアカウルも前年のショートテールを一部改造したものに

イモラを走るシュトメレン／ロイテマン（写真）組のTT12。ハンドリングを改善すべく、ホイールベースを150mm縮め、リアカウルも前年のショートテールに変更された。ただ、リアウィング部分は左右の翼端板が追加され、後方に延ばされている。(EdF)

変更された。ドライバーに関しては、イクスが復帰し、メルツァリオと組むことになった。
③A.メルツァリオ／J.イクス組[008]
④R.シュトメレン／C.ロイテマン組[007]
⑤A.D.アダミッチ／C.ファチェッティ組[009]

　しかし、マシーンの改良も功を奏さなかった。予選では、マートラがフロントロウを独占し、アルファはメルツァリオ組が3位（7分18秒8）、シュトメレン組が4位（7分19秒8）、アダミッチ組が5位（7分31秒6）という順位に留まった。

　レースでも、マートラが早々と1、2位を占め、アルファではメルツァリオ組が何とかついていくのが精一杯、残りの2台は徐々に遅れ始めた（アダミッチ組はクラッチが不調）。しかも、アルファ勢の先頭を走るメルツァリオ組は13周目に周回遅れを抜こうとして接触、ウォールにクラッシュしてリタイアしてしまう。

　レースの中盤はマートラが1、2位、アルファが3、4位という順位で進んでいたが、終盤になってマートラの1台がエンジントラブルで脱落したため、シュトメレン組が2位、アダミッチ組が3位に繰り上がり（どちらも大きく引き離されていたが）、レースはそのままの順位で幕となった。

オーストリア1000km
（1974年6月30日）

　イモラの次の選手権レースは6月中旬のルマンであった。年に一度のこのビッグイベントに、アウトデルタは当初4台のTT12をエントリーしていたが、結局本番には姿を現わさなかった。はっきりした理由は不明だが、すでに性能的に優位にあることが明らかな上に地元の利も加わるマートラが相手では、いつも以上に苦戦を免れないことは必定であり、それよりこのインターバルを利用してマシーンの競争力のアップを図る方が得策と判断したというのが妥当な見方だろう。

　こうしてマートラとの次の戦いの舞台は第6戦のオーストリアとなった。出場したのは以下の3台。マシーンはカウルの改良などで15kg前後軽量化されたという説もある。なお、メルツァリオはサーキットに来る途中に強い雨に遭遇し、乗っていた車がアクアプレーニングから転覆。メルツァリオは軽傷で済んだが、万が一の控えとしてヴィットリオ・ブランビッラが呼び寄せられた。
①A.メルツァリオ／J.イクス組[008]
②R.シュトメレン／C.ロイテマン組[007]
③A.D.アダミッチ／C.ファチェッティ組[009]

　予選では、例によって2台のマートラがフロントロウを占め、アルファは、シュトメレン組が1分36秒66で3位、メルツァリオ組が4位（1分37秒49）、アダミッチ組が5位（1分38秒84）の順で続く結果となった。

　レースでは、このコースを得意とするイクスが好スタートからマートラ勢の間に割って入ると、首位のマートラを背後から脅かし始めた。3周目、首位のマートラはマシーン下面のフロアパネルが外れるという珍しいトラブルが発生してピットイン、これによりイクスが首位に立った。しかし、20周を過ぎた頃からイクスのマシーンはタイヤにチャンキングが発生し、ついにはタイヤ交換に入らざるを得なくなって、首位の座をもう1台のマートラに明け渡した。

　その後の順位は、マートラが首位、健闘していたミラージュが2位、以下シュトメレン組、アダミッチ組、メルツァリオ組の順でアルファが続いていたが、レース中盤、シュトメレン組のマシーンが派手に炎を上げてストップ。シリンダーブロックに穴が開いてしまったのである。さらに、残り30分というところで今度はメルツァリオ組も

33TT12 (1974)

第6戦オーストリアのスタート。ニュルブルクリング以降、マートラが連続してフロントロウを独占しており、アルファは常にセカンドロウ以降からのスタートを強いられた。予選4位のイクスのアルファが好スタートを切り、マートラの間に割り込もうとしている。(DPPI-Max Press)

ヘッドガスケットを吹き抜いてリタイアしてしまう（それでも5位と認められた）。

レースはマートラが圧勝して、連勝記録を5に伸ばした。アルファ勢では1台だけ生き残ったアダミッチ組が2位でフィニッシュしたが、マートラからは3周も遅れていた。

ワトキンズ・グレン6時間
(1974年7月13日)

チャンピオンシップのタイトルはオーストリアの優勝でほぼマートラのものと決まったが、最後にマートラに一矢を報いようと、アルファ陣営は北米で開催されるこの最終戦にも姿を見せた。出場したのはいつもより1台少ない2台で、顔ぶれは以下のとおり。ドライバーでは地元のアンドレッティが開幕戦モンザ以来の出場となる。

⑥A.メルツァリオ／M.アンドレッティ組[008]
⑦R.シュトメレン／C.ロイテマン組[007]

オーストリアのレース序盤、マートラと熾烈な首位争いを繰り広げるイクスのアルファ。しかし、健闘空しく中盤にリタイアとなってしまう。リアカウルは再びロングテールに戻されている。(EdF)

ところがレース前に1台が早々と姿を消す。アウトデルタは練習でファイアストーンに代えてグッドイヤーのタイヤをトライした。ライバルのマートラはグッドイヤーを履いており、不振の原因がタイヤにあると考えたのかも知れないが、シュトメレンのマシーンが左前輪のバーストから大クラッシュ、マシーンは炎上してしまい（シュトメレンも顔に火傷を負った）、決勝には出られなくなったのである。

予選では、マートラが5戦連続でフロントロウを独占。1台だけの出場となったメルツァリオ組のアルファは、1分44秒148でいわば指定席の3位につけた。

レースの序盤、メルツァリオ組は2台のマートラに次ぐ3位を走っていたが、11周目にマートラの1台がエンジントラブルでピットインしたため、2位に繰り上がると、その後はアンダーステアとブレーキの不調に悩まされながらも、2位の座をキープしていた。

しかし、4時間を過ぎたところで、アンドレッティがドライブ中にコース脇にストップしてしまう。調べてみると点火系のアース線が断線したの

33TT12 (1974)

が原因と判明し、修理してレースに復帰した。その後、不調が悪化したブレーキの修理でピットストップを繰り返したため、結局5位でフィニッシュしたが、さらに悪い事態が待っていた。アース線を交換した際、現場に駆けつけたメカニックの助けを借りたとして、失格を言い渡されてしまったのである。

なお、レースの翌日には同じサーキットでCan-Amシリーズの第3戦が開催され、メルツァリオがTT12で出場した。そして排気量が倍以上あるマシーンたちを相手に4位まで浮上する健闘を見せたが、終盤にエンジントラブルが発生、リタイアに終わっている。

ワトキンズ・グレンの後も、チャンピオンシップはポールリカール、ブランズハッチ、キャラミの3戦を残していたが、ワトキンズ・グレンでマートラのタイトルが確定したこともあり、アウトデルタはもはや参戦の意味なしとして、この3戦への出場を取り止めた。開幕戦のモンザでは表彰台を独占するという華々しい成績を挙げたことで、マートラと熾烈なタイトル争いを繰り広げるものと期待させただけに、その後の不振がいっそう際立つ結果になったともいえる。

ワトキンズ・グレンでマートラとこの年最後の競り合いを繰り広げる（あるいは周回遅れにされる?）メルツァリオ／アンドレッティ組のTT12。結局失格となってしまう。このレースでもロングテールであり、ショートテールは結局失敗だったということか。（DPPI-Max Press）

●1975年

ドイツからの助け舟
——75年のレース体制

1970年代中盤、イタリアの国内経済は深刻な不況下にあり、アルファ・ロメオもその余波を受けて、75年シーズンのレース活動の予算は大幅に削減され、活動を縮小せざるを得なくなった。その結果、75年のマニュファクチュアラーズ・チャンピオンシップへの出場は困難となり（74年の成績不振も一因としてあったのだろうが）、最終戦のワトキンズ・グレンの後、一度は撤退の発表が行なわれたとする資料もある。

ところが、意外な方向から救いの手が差し伸べられた。それまで主にポルシェで耐久レースやインターセリエ（Can-Amのヨーロッパ版）などに参戦していたドイツのドライバー兼チームオーナーのウィリー・カウゼンがスポンサーとして名乗りを挙げ、チャンピオンシップへの参戦（ただしルマンを除く）は続けられることになったのである。マシーンの準備はそれまでどおりアウトデルタが担当し、チームの運営はカウゼンとアウトデルタが協力して当たることになった。なお、開幕時点では他に有力なスポンサーが見つからなかったため、カウゼンの自己資金で運営されることになり、マシーンのノーズ上面に『WKRT (Willy Kauhsen Racing Team)』のロゴを描いて出場した。

マシーンはTT12が3台（前年に使用したものが2台と新車が1台）。前述のような状況であったため、マシーンは前年と大きな違いはなかったが、エンジンのパワーアップ（500bhp／11500rpmに向上）やフロント・サスペンションのジオメトリー変更など小規模な改良が加えられた。また、ファイアストーンが前年限りでレースから撤退したため、タイヤはグッドイヤーを使用することになった。

ドライバーは、メルツァリオとイクスが残留し、引退を決めたアダミッチと移籍したシュトメレンに代わって、前年限りで撤退したマートラからアンリ・ペスカローロが4年ぶりに復帰、JWチームからもイギリス人のデレック・ベルが加わり、メルツァリオ／イクス組とベル／ペスカローロ組の2台がレギュラーとしてチャンピオンシップに出場した。ただ、メルツァリオのパートナーはイクスに固定されず、その後いろいろ入れ替わることになる。

ムジェッロ1000km
（1975年3月23日）

75年のチャンピオンシップは2月初めのデイトナが再び開幕戦とされたが、24時間という長丁場のレースであったため出場したのはGTマシーンばかりで、純粋なプロトタイプは1台も出場せず、フィレンツェ近郊のムジェッロ（60年代に開催された公道レースで使われたコースとはまったくの別物）で第2戦として開催された1000kmレースが実質的な開幕戦となった。

カウゼン・チームはこのレースにTT12を2台出場させた（リアカウルはショートテール仕様）。
①A.メルツァリオ／J.イクス組[008]
②D.ベル／H.ペスカローロ組[010]

75年のチャンピオンシップは、前年限りで撤退したマートラに代わって、ターボ・マシーンのA442を擁して本格的に参戦を開始したアルピーヌ・ルノーがアルファとタイトルを争うことになった。

予選では、メルツァリオが1分48秒83のトップタイムを記録し、アルピーヌを0.06秒抑えてポールポジションを獲得した。だが、ベル組はギアボ

33TT12 (1975)

第2戦のムジェッロを走るベル／ペスカローロ組のTT12。だが、トラブルのせいで4位に終わった。識別のためにノーズとリアウィングが白く塗られている（メルツァリオ組はなし）。後ろはポルシェ908/03ターボ。（DPPI-Max Press）

ックスが破損、乗り換えたスペアマシーンもギアボックスのオイルシールが破損するなど、トラブルが相次いでまともに走れず、1分53秒60の7位に留まった。

　レースの前半は、メルツァリオ組のアルファとアルピーヌが激しい首位争いを繰り広げた。しかし、レースの3分の2が経過したところで首位にいたアルファは、フロントブレーキのパッドが予想以上に摩耗したため予定外のピットストップを強いられる。そしてパッドの交換に7分を費やしたため、アルピーヌに首位の座を明け渡す破目になった。結局アルピーヌがそのままデビューウィンを飾り、メルツァリオ組は2位、ベル組もタイヤとオイルに問題を抱えていたためポルシェ908（ターボ仕様）に次ぐ4位という結果に終わり、前年とは対照的に不安な開幕となった。しかし、皮肉なことにその後も前年とは反対、つまり喜ばしい結果をたどることになる。

第3戦ディジョンのスターティング・グリッド。右手前がポールポジションを獲得したアルピーヌ・ルノー A442。以下アルファのTT12、ポルシェ 908/03 ターボが2台ずつ続いている。

レース後、スタッフを乗せて凱旋するウィニング・マシーン。中央の髭の人物がこの年アルファに救いの手をさしのべたウィリー・カウーゼン。右隣がメルツァリオ、ステアリングを握っているのがラフィットである。
（DPPI-Max Press）

33TT12 (1975)

ディジョン1000km
（1975年4月6日）

　続く第3戦、フランス南東部のディジョンで開催された1000kmレース（実際には800kmで実施）にも以下の2台が出場した。ドライバーの顔ぶれでは、イクスがチームを離れ、後釜にはフランス人の若手ジャック・ラフィットが座った。変更の理由は定かでないが、フェラーリ時代からメルツァリオとイクスの間には確執があり、これが影響していた可能性が高い。

①D.ベル／H.ペスカローロ組［010］
②A.メルツァリオ／J.ラフィット組［008］

　予選では、アルピーヌと2台のアルファの計3台が1分00秒9の同タイムで並ぶという珍しい事態となり、最初にタイムを記録したアルピーヌがポールポジション、ベル組が2位、メルツァリオ組が3位という順位とされた。

　レースの序盤はアルピーヌがリードしたが、1時間を過ぎたところでエンジンの冷却水漏れからオーバーヒートが発生して脱落。その後はアルファの2台がレースを引っ張る展開となった。最初はベル組が首位を走っていたが、やがてホイールベアリングのトラブルでハンドリングが悪化してピットに入り、修理に30分を費やしたため大きく後退。レースの後半は首位の座を引き継いだメルツァリオ組の独走となり、結局2位のポルシェに7周の大差をつけて快勝、アルファにシーズン初勝利をもたらした。トラブルで遅れたベル組もその後4位まで挽回してレースを終えた。

モンザ1000km
（1975年4月20日）

　第4戦はムジェッロに続きアルファにとっては地元での2戦目となるモンザであった。今回のド

ツイスティなディジョンのコースを駆け抜けるベル／ペスカローロ組のTT12。またもやマシーントラブルに見舞われ、ムジェッロに続いて4位に終わった。（DPPI-Max Press）

ライバーはディジョンと同じ顔ぶれ。マシーンは、高速コースに合わせて、リアカウルがシーズン初のロングテール仕様を装着していた。
①D.ベル／H.ペスカローロ組[010]
②A.メルツァリオ／J.ラフィット組[008]

予選では、アルファは2台ともブレーキやタイヤに問題が生じ、アルピーヌもハンドリングが不調だったことから、ミラージュ（この年はJWチームではなく、ドイツのゲオルグ・ルースのチームから出場）が1分28秒97で予想外のポールポジションを奪った。アルファは、メルツァリオ組が2位（1分29秒62）、ベル組が3位（1分30秒25）、アルピーヌは4位に留まった。

レースの前半はメルツァリオ組のアルファ、アルピーヌ、ミラージュが三つ巴の首位争いを繰り広げた。ベル組は序盤からハンドリングが不調だったためにピットイン、原因であったリアのダンパーの修理にかなりの時間を費やしたため、順位を大きく下げた（その後レースに復帰するも、結局エンジントラブルでリタイア）。

中盤まで首位争いに加わっていたアルピーヌやミラージュはやがて、前者はタイヤに起因するトラブルで後退、また後者はギアボックスのトラブルでリタイアに追い込まれ、終盤は独走となった

森に囲まれたモンザのコースを走るメルツァリオ／ラフィット（写真）組のTT12。後ろに続くのは、健闘よく2位でフィニッシュしたポルシェ908/03ターボ。（DPPI-Max Press）

1000kmをほぼノートラブルで走り抜き、シーズン2度目のチェッカーを受けるメルツァリオのTT12。(DPPI-Max Press)

第5戦のスパのスタート直後、名物コーナーのオールージュをクリアする2台のアルファ。早くも3位以下に差をつけ始めている。ポルシェを抑えて3番手につけているのは伏兵リジェJS2である。

33TT12 (1975)

スパ・フランコルシャン1000km
（1975年5月4日）

第5戦の舞台となるスパは、当時コースの安全性が取り沙汰されていたことからアルピーヌは欠席、ミラージュもドライバー不足などを理由に出場を見送ったため、スタート前からアルファの独壇場となるであろうことは明らかだった。マシーンはモンザに続いてロングテール仕様で、このレースからイタリアの酒造メーカーのカンパリがスポンサーについたため、ノーズ上面のロゴが『WKRT』から『CAMPARI』に変更された。出場したのは以下の顔ぶれの2台。なお、F2のレースに出場したラフィットの代役として、地元出身故にこのコースを熟知するイクスが復帰し、再びメルツァリオと組むことになったが、これが後ほどトラブルを引き起こすことになる。

① A.メルツァリオ／J.イクス組［008］
② D.ベル／H.ペスカロロ組［010］

予選では、ベル組が3分20秒4でシーズン初のポールポジションを奪った。一方メルツァリオ組は、2人のドライバーの間で好みが分かれるなどでセッティングが決まらず、3分24秒2の2位に留まった。

スパのコースは天候が不順なことで知られていたが、この年もスタート直前に雨が降るという難しいコンディションの下で開催された（天候の悪化を理由にレース距離は750kmに短縮）。2台のアルファを含む出場車のほとんどがタイヤにインターミディエートを装着してレースに臨んだ。

レースは、スタートから2台のアルファが3位以下を1周で実に10秒以上ずつ引き離していき、その後は2台の間で頻繁に順位を入れ替える展開となった。

40分過ぎ、雨が強くなったことから、ほとんどのマシーンはピットに入ってレインタイヤに交換したが、ここがホームコースのイクスはインターミディエートのまま走り続け、2位に40秒差をつけたところで、メルツァリオに交代した。ところが、メルツァリオはいつもの速さがまったく見られず、イクスが苦労して築いたリードを瞬く間に失った挙げ句に、ベル組にあっさり抜かれ、ついには1周遅れとなってしまう。これは、イクス用に設定されていたマシーンのセッティングが単に合わなかったのか、それともイクスへの嫌がらせであったのかは不明だが、いずれにしても犬猿の仲の2人をあえて組ませたチームの作戦ミスとい

メルツァリオ組がノートラブルで2連勝を飾った。

イクス／メルツァリオ組のピットストップ。苦労して築いたリードを台無しにされて激怒するイクス（左）と、素っ気ない態度のメルツァリオ。2人の険悪な仲が如実に示された場面である。(EdF)

ベル／ペスカローロ（写真）組を追うイクス（写真）／メルツァリオ組のTT12。なお、このレースからノーズ上面のロゴが新たにスポンサーについた『CAMPARI』に変更された。(EdF)

えるだろう。

　その後、メルツァリオから再びステアリングを引き継いだイクスはレースの終盤、チームメイトを猛然と追い上げたが、時すでに遅し、ベル組が1周差で逃げ切って、彼らにとってのシーズン初優勝を飾った。メルツァリオ組も2位となったことで、アルファとしてはシーズン初の1-2フィニッシュという喜ぶべき結果になったが、後味の悪さは否めなかった。

エンナ1000km
（1975年5月18日）

　第6戦は、73年限りでチャンピオンシップから除外されたタルガ・フローリオに代わって、同じシシリー島中部のエンナ・ペルグーサで開催された1000kmレースであった。地理的条件や安いスターティングマネーのせいでアルピーヌやミラージュは姿を見せず、このレースもアルファの一人舞台となることはレース前から明らかだった。出場したのは以下の2台。なお、スパにおけるゴタゴタでさすがに懲りたのか、メルツァリオのパートナーはイクスからドイツ人の若手ヨッヘン・マスに変更された（F2に出場したラフィットの代役）。
①A.メルツァリオ／J.マス組[008]
②D.ベル／H.ペスカローロ組[010]

　マシーンは高速コースに合わせてロングテール仕様が投入された。また、このレースにはTT12の改良型が姿を見せた。当時のアルファの弱点は、重量配分が前寄りで、フロントのタイヤやブレーキの負担が大きいことだった。そこでエンジンとデフの間にあったギアボックスをデフの後方に移し、ホイールベースも120mm近く延長して、フ

第6戦のエンナで、2台並んでチェッカーを受けるTT12。左が優勝したメルツァリオ／マス組、右が2位のベル／ペスカローロ組。後ろに続くのは3位のポルシェ908/03ターボ。(DPPI-Max Press)

ロントの重量配分を減らしたのである。ただ、この仕様は結局レースでは使われず、その後もどのレースから実戦に投入されたかはっきりしない。

予選では、メルツァリオ組が1分21秒67のトップタイムをマークし、第2戦のムジェッロ以来のポールポジションを獲得、ベル組も1分22秒55で2位につけた。

レースは予想どおり、スタートから2台のアルファが3位以下を大きく引き離し、順位を入れ替えながら走る展開で進んだ。レースの後半、首位にいたメルツァリオ組は左前輪のホイールナットが緩むトラブルが発生してベル組に先行を許したが、ベル組もやがてオルタネーターの駆動ベルトが切れるというトラブルに見舞われ、順位が再度逆転。結局メルツァリオ組がシーズン3勝目を挙げ、ベル組は1周遅れの2位と、2戦連続でアルファの1-2フィニッシュとなった。ちなみに3位のポルシェ908は首位から23周も離されていた。

ニュルブルクリング1000km
（1975年6月1日）

第7戦のニュルブルクリングは、カウーゼンの地元ということから、いつもより1台増やされ（他のレースでのスペアマシーンを使用）、3台体制が敷かれた。ドライバーの顔ぶれは以下のとおり。F1で活躍していた南アフリカ人の若手ジョディ・シェクターがスポットで加わり、エンナに出場したマスとのコンビで3台目に乗る。なお、3台目のマシーンは、食品メーカーの『レドレフセン』（カウーゼンがオーナーという説もある）がスポンサーにつき、他の2台とは異なる派手なカラーリングが施された。

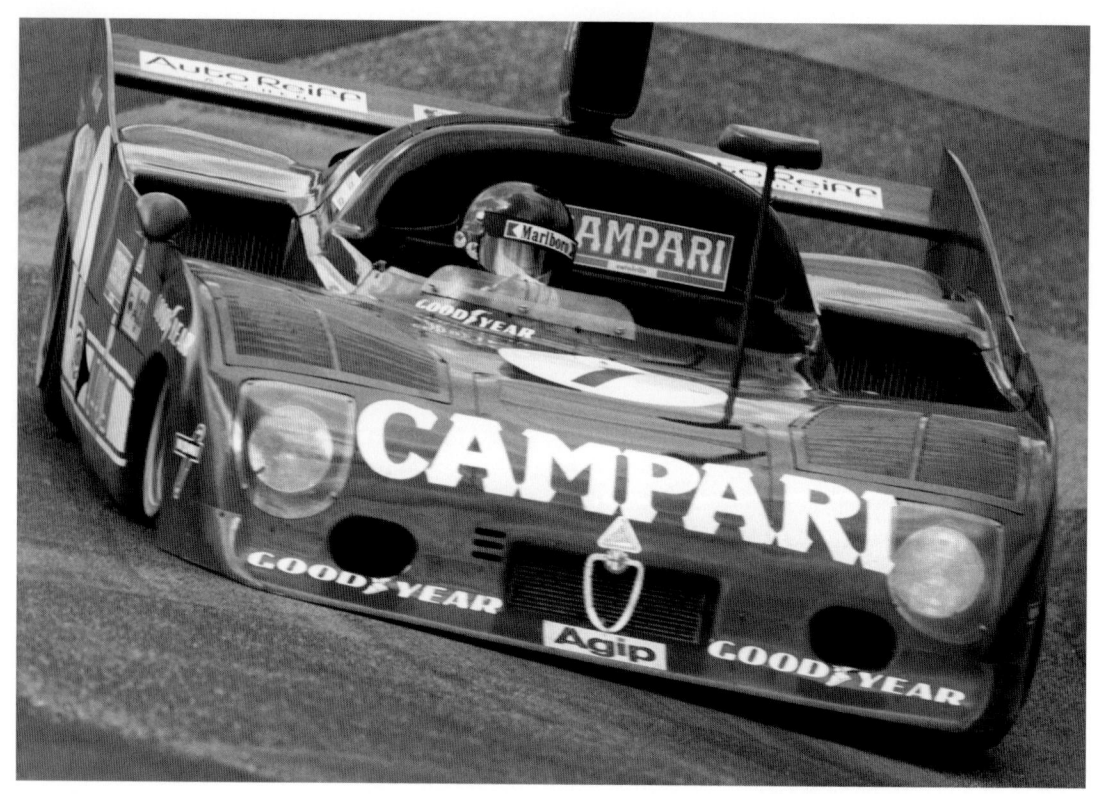

ニュルブルクリングの名物コーナー、カルーセルを攻め立てるメルツァリオ／ラフィット（写真）組のTT12。（DPPI-Max Press）

①A.メルツァリオ／J.ラフィット組[008]
②D.ベル／H.ペスカローロ組
③J.マス／J.シェクター組[009]

　予選では、3戦ぶりに姿を見せたアルピーヌが7分12秒1でディジョン以来のポールポジションを獲得した。アルファ勢は、ベル組が7分26秒0で2位、マス組が3位（7分27秒1）、メルツァリオ組が4位（7分35秒5）と続く。
　レースでは、スタート直後にペスカローロのアルファがスピン、リアにダメージを負って早くもリタイアに追い込まれてしまう。実は、スタート直前に降った雨で路面が濡れていたのである。レースの前半はポールポジションからスタートしたアルピーヌがリードしたが、半分を過ぎたところでエンジントラブルによりリタイア。その後は2台のアルファと、このコースを得意とするミラージュの戦いとなった。
　しかし、一時首位を走ったマス組はやがてフロントのブレーキが不調となってピットイン、パッドの交換に10分を費やしたため首位争いから脱落した。また、終盤首位を走っていたミラージュも燃料が最後までもたず、残り4周というところで燃料補給に入らざるを得なくなる。結局ミラージュのピットインで首位に立ったメルツァリオ組がそのまま優勝を飾った。マス組（最後はリアのブレーキだけで走行）は6位でフィニッシュした。
　ニュルブルクリングの2週間後にはルマン24時間が開催されたが、この年は石油危機の影響で厳しい燃費規制が導入されるなどレギュレーションが大幅に変更されたため（これにともないチャ

33TT12 (1975)

ンピオンシップからも離脱）、アルファ陣営は出場を見送った。

オーストリア1000km
（1975年6月29日）

　第8戦のオーストリアにも以下の2台が出場した。なお、メルツァリオのいつものパートナーであるラフィットはF2に出場したため、ヴィットリオ・ブランビッラが代役を務める。
①A.メルツァリオ／V.ブランビッラ組[008]
②D.ベル／H.ペスカローロ組[010]
　予選では、アルピーヌの1台（このレースから2台体制）が1分36秒35でポールポジションを奪い、メルツァリオ組が1分38秒84で2位に続く。ベル組はフロントタイヤに起因するハンドリングの不調で6位（1分40秒25）とふるわなかった。

　レースは雨が降ったり止んだりの難しいコンディションの中で幕が切って落とされた。序盤は2台のアルピーヌがリードし、ベル組とメルツァリオ組のアルファがこれを追う展開となったが、アルピーヌはやがて2台とも燃料噴射ポンプの駆動ベルトが切れるというトラブルに見舞われ、レースの半分までにどちらも姿を消した。その結果、ベル組が首位、メルツァリオ組も2位に浮上した。そして天候が回復しそうになかったため、レースは予定の60％を消化した103周で打ち切りとなり、ベル組がスパ以来の2勝目、メルツァリオ組が23秒差の2位と、アルファにとってはシーズン3度目の1-2フィニッシュという結果になった。この勝利でアルファはスポーツカーの世界選手権において初のタイトルを決めた。

第8戦のオーストリアで優勝したベル／ペスカローロ組のTT12。なぜかノーズの先端がいつもの白に塗られていない。（ACTUALFOTO）

最終戦のワトキンズ・グレンを制したベル／ペスカロロ組のTT12が周回遅れのポルシェ・カレラRSRを抜き去る場面。(DPPI-Max Press)

ワトキンズ・グレン6時間
（1975年7月13日）

　オーストリアでタイトルを確定したアルファ陣営は、最後も勝利でしめくくろうと、第9戦のワトキンズ・グレンに出場するために北米大陸まで足を伸ばした。ドライバーの顔ぶれは以下のとおり。前戦に続いてF2への出場を優先したラフィット（その甲斐あってこの年のF2チャンピオンに輝いた）に代わり、地元からマリオ・アンドレッティが久しぶりにチームに加わった。

③A.メルツァリオ／M.アンドレッティ組
　［008or011］
④D.ベル／H.ペスカロロ組［010］

　予選では、いよいよ速さを増してきたアルピーヌの2台がフロントロウを独占し、アルファはベル組が1分46秒450で3位、メルツァリオ組が1分46秒623で4位と、2列目からのスタートとなった。トップのアルピーヌはアルファより3秒半も速く、スピードの点ではアルピーヌが完全に優位に立っていることを示していたが、速さだけではレースに勝てないことが、決勝で証明される。

　レースの序盤はフロントロウからスタートした2台のアルピーヌがリードを奪ったが、やがて1台は吸気系のトラブルで後退、もう1台はシフトミスによるオーバーレブでエンジンを壊してリタイアとなり、いつものようにアルファが上位2位を占めることになった。

　2時間目過ぎから降り出した雨が強くなったため、レースは赤旗・中断となる。やがて雨がやんでレースは再開され、再スタート後も首位を走り続けたベル組がシーズン3勝目を挙げ、メルツァ

33TT12 (1975)

ワトキンズ・グレンで2位となったメルツァリオ／アンドレッティ（写真）組のTT12。後ろに見えるのは6位でフィニッシュしたワークスBMWの3.0CSL。（DPPI-Max Press）

リオ組も1分20秒差の2位でレースを終えて、2戦連続、4度目の1-2フィニッシュとなった。

当初の予定では、このレースの後にアルゼンティン・ブエノスアイレスでの1000kmレースが最終戦として予定されていたが、諸々の理由から結局キャンセルになり、ワトキンズ・グレンをもって75年のチャンピオンシップは幕を閉じた。この年、アルファは出場した8戦中7戦で勝利を挙げるという素晴らしい成績を収め、初のワールドタイトル獲得という大成功でシーズンを終えた。

ノンチャンピオンシップ・レースの戦績

この年のアルファは、チャンピオンシップ以外のレースにもTT12を積極的に出場させたので、以下にその戦績を簡単にまとめておく。

◎タルガ・フローリオ（7月20日）

74年から世界選手権には含まれなくなったものの、ノンチャンピオンシップとして開催された。メルツァリオ／ヴァッカレラ組が出場。予選ではヴァッカレラが35分49秒のトップタイムをマークし、レースでも他に強力な競争相手がいなかったことから、2位のシェヴロンに20分の大差をつけて圧勝した。

◎インターセリエ

カウーゼンの地元ドイツ国内で開催されていたインターセリエにもTT12が投入された。ポルシェ917/10などのビッグマシーンが相手だっただけに苦戦を強いられたが、以下の5戦に出場して2勝を挙げている。

※ホッケンハイム（7月20日）

マスとペスカローロが出場。マスが優勝、ペス

ティーポ33の変わり種を1台。75年10月のジーロ・デ・イタリアに姿を見せたスペシャル・マシーンである。スタイリングはTT12にルーフを被せたようなものであるが、エンジンは3ℓ・V8を搭載する。（ACTUALFOTO）

カローロが3位。

※カッセル・カルデン（8月17日）

　ベルとペスカローロが出場。ベルが優勝、ペスカローロが2位。

※ザントフールト（8月24日）

　ベルとペスカローロが出場。どちらもハンドリングの不良に悩まされ、ベルは4位、ペスカローロはスピンしたせいで後方に留まる。

※ニュルブルクリング（9月7日）

　ベル、ペスカローロ、ジョン・ワトソン（スポット）の3台が出場。ワトソンが6位、ベルが7位、ペスカローロはエンジントラブルのせいで後方に留まる。

※ホッケンハイム（9月28日）

　ペスカローロ、ベル、マスの3台が出場。ペスカローロが4位、ベルが5位、マスはリタイア。なお、マスのマシーンは当時開発中だったF1仕様（通常仕様より20bhpアップ）のエンジンを搭載

していたといわれる。

ジーロ・デ・イタリア
（1975年10月16～18日）

　ところで、75年のシーズン終盤、アウトデルタが変わり種のティーポ33を登場させているので、最後に紹介しておこう。出場したのはジーロ・デ・イタリア。イタリア国内のサーキットなどをラリー形式で巡りながら、その間にヒルクライムやレースを行なうという、要するにツール・ド・フランスのイタリア版とでもいうべきイベントだった。

　出場したのは、TT3のクーペ仕様とでもいうべきマシーンで、モノコック・フレームに3ℓ・V8エンジンを搭載し、75年のTT12にルーフを追加したようなスタイリングのボディを架装したものだった。ステアリングを握ったのはフランス人のラリードライバー、ジャン-クロード・アンドリュー（前年の同イベントではランチア・ストラ

33SC12 1976-1977

トス・ターボで優勝)。

トリノからスタートした前半はリードしていたが、ローマ近郊のヴァレルンガまでやって来たところで、最初から不調だったエンジンがついに音を上げ、残念ながらリタイアに終わった。

●1976年

マシーンの変更点

1976年、スポーツカーレースは大きな曲がり角を迎えた。レギュレーションが大幅に変更され、グループ5はそれまでのプロトタイプに代わって、市販車の外観を模した"シルエット・フォーミュラ"が対象となり、新たな形で世界選手権がスタートしたのである。

一方プロトタイプも、再びグループ6というカテゴリー名に戻され、"ワールド・スポーツカー・チャンピオンシップ"という名称の世界選手権がグループ5と並行して開催されることとなった(レース距離は500km／4時間以下)。しかし、脇役的な存在へと後退した選手権は、次第に先細りとなっていくことになる。

この年、アルファ・ロメオは新しい局面を迎えた。まずはF1へのカムバックである。当時F1に参戦していたブラバムのボス、バーニー・エクレストンの強い要請に応えて、12気筒エンジンをブラバムに供給することになったのである。

もうひとつの新しい展開は、前年のチャンピオンシップにおけるアルピーヌの速さに刺激を受けて、彼らも12気筒エンジンのターボ化に乗り出したことである。最初の計画では76年のシーズン中にデビューの予定だったが、その開発は大幅に遅れたために実現せず(アルファにとっては毎度のことだったが)、結局デビューは翌77年に持ち越されることになったので、具体的な説明は77年の項でふれるものとする。

この年、アウトデルタはカウーゼンとの関係を解消し、再び自力でチャンピオンシップに参戦することになった。そしてマシーンも新型が開発された。といっても、エンジンは前年と同じ水平対向12気筒(燃料噴射のメーカーがルーカスからスピカに変更された程度、これで燃費が10%向上したという)、ボディ・スタイリングも前年のTT12とほとんど変わりがなかった。

では、何が変わったのかというと、シャシーがそれまでの鋼管スペースフレームから新設計のモノコックへと変更されたのである(理由としては軽量化と剛性アップの2説がある)。この新型マシーンは、イタリア語でモノコックを意味する"Scatolato"にちなんで、ティーポ33SC12と呼ばれることになった。なお、中にはTS12としている資料も少数あるが、本書では多数派の前者を採用した。

ギアボックスは前年のシーズン途中から採用された、デフの後方にオーバーハングする形式である。また、ロールバーのチタン合金化などにより40kg前後の軽量化に成功したが、それでも車重は720kgあったという。タイヤについては、最初の発表では久々にレースシーンに復帰したピレリのラジアル仕様を装着するとされていたが、結局それは実現せず、従来どおりのグッドイヤーが用いられた。

イモラ500km
(1976年5月23日)

シーズンの開幕前、アウトデルタはF1仕様やターボ仕様のエンジンの開発に時間を食われ、大忙しの状況であった。その影響でSC12のレースデビューは遅れ、この年のチャンピオンシップの

76年の第3戦イモラでデビューしたSC12。フレームが変更されただけで、外観は75年とほとんど違いはないように見える。後ろに迫っているのは、このレースを制したイクス／マス組のポルシェ936。76年の写真はこの1枚しか見当たらず、残念。(DPPI-Max Press)

　最初の2戦、ニュルブルクリンクとモンザへの出場は見送られ、ようやく姿を見せたのは第3戦のイモラであった。しかも、予想されたターボマシーンでなかったため、関係者からは失望の声が挙がったという。ドライバーは、前年から残留のメルツァリオとブランビッラのコンビである。

　この年のチャンピオンシップは、前年から引き続き参戦するアルピーヌ・ルノーと、4年ぶりにプロトタイプ・クラスに復帰したポルシェの対決という構図となった。予選では、アルピーヌが投入した2台のA442がフロントロウを占め、ポルシェの新型マシーンの936が3位。SC12は燃料系統からボヤを出す騒ぎがあったものの、1分44秒19をマークして、ポルシェと並んでセカンドロウからのスタートとなった。ただ、トップのアルピーヌとは4秒の大差があったが。

　レースは、2台のアルピーヌがスタートからリードを奪い、アルファはポルシェと3位を争った。アルピーヌの1台は4周しただけでエンジンがブローしてリタイアとなったが、もう1台のアルピーヌはその後も後続との差をどんどん広げていく。アルファもやがてギアシフトがおかしくなり始め、29周目にピットイン、修理に2周を費やして順位を4位まで下げてしまう。

　首位のアルピーヌが40周過ぎに周回遅れとからんで後退したため、レースの後半はポルシェの独走となった。そして2位に後退したアルピーヌがまたもや周回遅れとからみ、それが原因でリタイアに追い込まれたため、アルファが2位に浮上する。その後も、アルファはギアボックスの不調に悩まされながらも、デビューレースとしては賞賛すべき2位（首位からは4周遅れであったが）でフィニッシュ、シーズンのその後に期待を抱かせた。

エンナ4時間
（1976年6月27日）

33SC12 (1976)

SC12は続く第4戦のエンナにも姿を現わした。ドライバーは、ブランビッラに代わってマリオ・カゾーニがメルツァリオと初めてコンビを組む。予選では、イモラに続いてアルピーヌがフロントロウを独占したが、メルツァリオは1分36秒02の好タイムをマークし、ポルシェを抑えて3位につけた。

ところが、レースではスタートから燃料噴射ポンプが不調となり、すぐにピットに入って修理を行なった。コースに戻った後のアルファは、トップグループをしのぐスピードを発揮し、アルピーヌの1台を抜いて3位まで浮上した。しかし、カゾーニがドライブしていた49周目、周回遅れとからんでサスペンションにダメージを負い、1時間半に及ぶ修理も空しく、リタイアに追い込まれた。

ザルツブルグリング200マイル
（1976年9月19日）

アルファ陣営は続くモスポートとディジョンの2戦を欠場した。理由は不明だが、F1でブラバムが苦戦を強いられていたため、F1仕様のエンジンの改良に力が振り向けられたのではないかと思われる。その結果、SC12が再び姿を見せたのは、チャンピオンシップの最終戦となったオーストリア・ザルツブルグリングで開催される200マイルレースとなった。

ステアリングを握ったのは、イモラ以来となるメルツァリオとブランビッラのコンビ。雨の中で行なわれた予選では、ブランビッラが1分22秒89のトップタイムを叩き出し、ポルシェを抑えてシーズン初のポールポジションを奪ってみせた（アルピーヌは出場せず）。そしてレースでも、11周にわたってポルシェを抑えて首位を走ってみせたが、やがてオイルポンプにトラブルが発生し、リタイアに追い込まれた。

このように、76年はアルファにとって実りの少ないシーズンに終わった。チャンピオンシップに出場したのは全7戦中3戦と半分にも満たず、獲得したポイントもイモラの2位で得たわずか15点に留まった。これは、ワークス・エントリーのポルシェ（100点）やアルピーヌ（47点）ばかりか、プライベート・エントリーだけであったオゼッラやローラにも後れを取り、総合では7位という成績に留まった。低迷の理由としては、シャシーを改良したとはいえ、マシーンの競争力が今やポルシェやアルピーヌのターボマシーンに明らかに劣っていたことに加えて、F1仕様やターボ仕様などの開発に力を削がれたことが大きな要因であったことは間違いないだろう。

●1977年

ターボ・エンジンの登場

1976年のチャンピオンシップが低調なものに終わったことから、ポルシェとアルピーヌはどちらも77年のチャンピオンシップには出場せず、プロトタイプによるレース活動としてはルマンの1戦だけに全力を注ぐことを決めた（実際77年のルマンでは両者による熾烈な戦いが繰り広げられた）。その結果、77年のチャンピオンシップにワークスとして出場するのはアルファ・ロメオだけとなった。

76年からのマシーンの変化としては、かねてから開発中だったSC12のターボ仕様がようやく実戦投入の運びとなったことがある。当時のレギュレーションでは、ターボ・エンジンの排気量の上限は2.14ℓと定められていたため（自然吸気との換算比は1.4）、水平対向12気筒のボアは77mmのまま、ストロークを53.6mmから38.2mmに縮め

SC12の後部に搭載された水平対向12気筒のターボ仕様。残念ながらターボチャージャー本体は見えない。リアカウル上部のダクト（自然吸気仕様ではインダクションボックス）からエンジンの左右に配置されているインタークーラーへと冷却風が導かれる。（ACTUALFOTO）

ることで、総排気量を2134ccまで縮小し、これにKKK製のターボチャージャー2基が装着された。圧縮比は11.1：1と発表されていたが、ターボ・エンジンでこの値はいくら何でも信じ難い（同時期のポルシェ936は6.5：1）。最高出力は当初、640bhp／11000rpmと発表されていた。

　76年から77年にかけてのシーズンオフ、このターボ・エンジンはSC12に搭載されてテストが重ねられた。スピードの点では自然吸気仕様より30km/hも速かったというが、ターボ・エンジンの欠点であるスロットル・ラグが非常に大きいという問題の解決に手間取り（過給圧は不明だが、他のターボマシーンより高めに設定されていたらしい）、シーズンの開幕にはついに間に合わなかった。そのため、77年のチャンピオンシップには前年のSC12がほぼそのままの形で投入されることになった。

　チーム体制も、2台がレギュラーで出場と前年より規模が拡大され、レースによっては3台目も出場した。また新たなスポンサーとして、飲料品メーカーのフェルネ・トニックがついた。ドライバーは、前年からメルツァリオとブランビッラが残留、これにフランス人のジャン-ピエール・ジャリエが加わった。さらに、当時F1でアルファのエンジンを搭載していたブラバムからジョン・ワトソン（英）とカルロス・パーチェ（ブラジル）の2人も加わることになったが、パーチェはシーズン開幕前の3月に飛行機事故で死亡したため実現しなかった。

ディジョン500km
（1977年4月17日）

　この年のチャンピオンシップはディジョンで開幕した。このレースにアウトデルタは以下の顔ぶれのSC12を2台出場させた。

①A.メルツァリオ／J-P.ジャリエ組［015］

33SC12 (1977)

②V.ブランビッラ／J.ワトソン組[014]

　出場台数は18台を数えたが、ローラやオゼッラなどの2ℓマシーンが多数を占め、総合優勝を争う3ℓクラスのマシーンは、アルファの2台とポルシェ908（ターボ仕様）、そしてドイツの弱小コンストラクターが製作したTOJ（エンジンはフォード・コスワースDFV）のわずか4台に過ぎなかった。

　予選では、ブランビッラ組が1分16秒21でポールポジションを獲得し、メルツァリオ組も2位（1分16秒28）と、アルファが順当にフロントロウを独占したが、ツイスティなコースの性格から、以前アルファに在籍したロルフ・シュトメレンのTOJが1分16秒86、ポルシェ908ターボも1分17秒04と、予想したよりも僅差で続いていた（4位以下は一気に2.5秒の差がつく）。

　アルファの独壇場になるかと思われたレースでも、予想外の苦戦を強いられた。序盤はアルファの2台がリードするが、シュトメレンのTOJもぴったり背後につけていた。やがてアルファはどちらもアンダーステアが悪化し、メルツァリオはたまらずピットに入って、3本を交換する。1時間目の順位は、ブランビッラ組、シュトメレン、メルツァリオ組と続き、4位以下はすでに周回遅れとなっていた。レースの半分が経過したところで、ブランビッラとシュトメレンが相次いでピットイン、前者がタイヤを4本交換したのに対し、すぐレースに復帰したTOJが首位に立った。ブランビッラから交代したワトソンが追い上げたが、88周目にエンジントラブルでリタイアとなった。

　レースは、TOJとポルシェ908ターボがメルツァリオ組のアルファを抑えて、上位2位を占める予想外の展開となった。しかし、レースの3分の2が過ぎたところでTOJはギアボックスのオイルパイプが破損、1周後にはポルシェ908ターボ

開幕戦のディジョンを制したメルツァリオ／ジャリエ組のSC12。よく見ると、リアウィングがそれまでより少し高い位置に配置されている。（DPPI-Max Press）

第4戦のエンナでチェッカーを受けるメルツァリオのSC12。なお、写真のファイル名はエンナとなっているが、他のエンナの写真とは背景がまったく違っており、レース名が誤っている可能性もあることをお断りしておく。(DPPI-Max Press)

もオイルポンプの駆動ベルトが切れて、相次いでリタイアに追い込まれてしまう。これで首位に浮上したメルツァリオ組がそのままチェッカーを受け、開幕戦を制した。2位のオゼッラとは7周の大差がついていた。なお、ワトソンはリザーブ的な立場が気に入らなかったらしく、出場したのはこの1戦だけに終わった。

モンザ500km
(1977年4月24日)

ディジョンからわずか1週間後に開催されたこの第2戦には、地元イタリアから2ℓマシーンが多数エントリーされたため、出場台数は34台に及んだ。お膝元でのレースだけにアルファは3台を投入する予定だったが、ジャリエのマシーン[012]はブレーキが不調だったため出場を断念、以下の2台が出場した（平均速度が速いためにドライバーはひとり）。

②V.ブランビッラ[014]
③A.メルツァリオ[015]

予選では、ブランビッラが1分42秒53で2戦連続のポールポジションを獲得、メルツァリオも1分42秒89で2位と、2戦続けてアルファがフロントロウを独占した。3位も前戦と同じシュトメレンのTOJだったが、高速コースのせいでパワーの差が如実に表われ、タイムは1分46秒03と、アルファから3秒以上引き離されていた。

レースは、スタートからメルツァリオとブランビッラが首位争いを繰り広げ、順位を頻繁に入れ替えた（ちなみにチームボスのキティは、レースを面白くするものと、チームメイト同士の競り合いを大目に見ていたという）。10周目、2位のブランビッラは周回遅れとからんでボディにダメージを負うが、その2周後には今度はメルツァリオ

33SC12（1977）

のエンジンが突然不調となり（スロットルがスティックしたらしい）、ピットストップを繰り返したため、ブランビッラが首位に立った。

31周目、ブランビッラがピットに入り、タイヤ交換とレース前半で傷めたボディを修理している隙に、ポルシェ908ターボが首位に立った。だが、42周目に彼らもピットインしたことでアルファが首位を奪い返し、その後は独走となったブランビッラがシーズンの初優勝を飾った。ただ、終盤はギアボックスが不調となって最後は4速が使えなくなり、また縁石に乗り上げてノーズの先端を破損するなどトラブル続きで、2位のオゼッラとの差はわずか1周しかなかった。序盤にトラブルで後退したメルツァリオは、66周目に周回遅れとからんでリタイア。また、シュトメレンのTOJもリタイアに終わったが、彼はこのレースを最後にTOJを離れたため、アルファにとって唯一強敵と

目された存在が姿を消したことで、その後のチャンピオンシップはアルファ陣営にとっていっそう楽な展開となった。

ヴァレルンガ400km（1977年5月29日）

このレースにはモンザと同じ顔ぶれが出場した。
①A.メルツァリオ
②V.ブランビッラ

予選では、ブランビッラが1分10秒8を記録して、開幕から3戦連続のポールポジションを奪った。メルツァリオも2位につけたが、マシーンが不調だったのかタイムは1分12秒7とブランビッラに2秒近い大差をつけられ、3位のオゼッラとはわずか0秒3の差しかなかった。

レースでも、メルツァリオはタイヤトラブルやエンジンのミスファイアでピットストップを繰り返したことから、ブランビッラが独走で2連勝を飾り、メルツァリオは1周遅れの2位だった。

エンナ500km（1977年6月19日）

いつものように2台がエントリーされたが、ブランビッラが同じ週末に開催されたF1スウェーデンGPに出場するために欠場、代わりに以前ワークスに在籍したベテランのスパルタコ・ディーニと、オゼッラで活躍していた若手のジョルジュ・フランシアの2人が組んで出場した。
①A.メルツァリオ
②S.ディーニ／G.フランシア組

予選では、メルツァリオが1分35秒7をマークしてシーズン初のポールポジションを獲得、ディーニ組も1分36秒9で2位に続いた。

ところが、レースのスタートで思わぬ出来事が起きる。ディーニ組のマシーンはフランシアがス

第6戦のポールリカールで優勝したメルツァリオ／ジャリエ組のピットストップ。メルツァリオからジャリエへの交代と同時に、タイヤ交換や燃料補給も行なわれている。(DPPI-Max Press)

ターティングドライバーを務めたが、ウォームアップラップの後、彼は電気式燃料ポンプのスイッチを入れ忘れるというミスをしでかして出遅れ、メカニックの助けを借りてようやくスタートしていった。この行為が規則違反に問われ、結局失格を宣告されてしまったのである。

メルツァリオも、レースの序盤にエンジンのミスファイアや油圧低下に見舞われてピットに入ったため、オゼッラが予想外の首位を走る事態となったが、彼らもその後エンジンブローでリタイアし、これで首位に返り咲いたメルツァリオが開幕戦以来の勝利を飾った。

エストリル2.5時間
（1977年7月10日）

続く第5戦は、ポルトガルのエストリルで初めて開催された。しかし、ヨーロッパの最西端という地理的条件の悪さなどから、このレースに姿を見せたのはわずか8台に過ぎず、そのうちの3台をアルファのSC12が占めていた。

① A.メルツァリオ
② V.ブランビッラ
③ S.ディーニ／G.フランシア組

予選では、1分38秒43を記録したメルツァリオが2戦連続のポールポジションを奪い、ブランビッラが2位（1分38秒77）、ディーニ組も3位（1分38秒83）と続く。

レースは、スタートから例によってメルツァリオとブランビッラの首位争いとなったが、やがてブランビッラがスピンしたため、その後はメルツァリオがレースの主導権を握った。結局メルツァリオが逃げ切って3勝目を挙げ、追い上げたブラ

第7戦のイモラを走るメルツァリオのSC12。だが、このレースではリタイアに終わる。この年からロールバーの前側に補強のためと思われるパイプが左右2本追加された。（DPPI-Max Press）

ンビッラが0.09秒差の2位、またディーニ組も3周遅れながら3位でフィニッシュして、アルファが表彰台を独占する結果となった。

ポールリカール500km
（1977年7月24日）

いつものように①A.メルツァリオと②V.ブランビッラの2台が出場。2ℓマシーンやGTが多数出場したことで、出場台数は前戦の8台から29台へと激増した。

予選では、ブランビッラが1分15秒50をマークして、3戦ぶりのポールポジションを獲得、メルツァリオも0.02秒という僅差で2位につけた。

レースでは、メルツァリオとブランビッラの間のライバル意識がいきなり露わになる。スタート直後の第1コーナーで2台がからんでどちらもスピンしたのである。この時はブランビッラが先にレースに復帰し、その後レースをリードしたが、終盤エンジントラブルでリタイアに追い込まれた。これで首位の座を安泰なものとしたメルツァリオ（終盤にはリザーブに控えていたジャリエもステアリングを握った）が、2位のTOJに2周差をつけて3連勝を飾った。なお、この勝利でアルファは75年以来2度目のタイトル獲得を決めた。

イモラ250km
（1977年9月4日）

このレースにも①A.メルツァリオと②V.ブランビッラが出場した。予選では、ブランビッラが1分41秒73でシーズン5度目のポールポジションを奪った。メルツァリオは1回目のセッションでダンパーのトラブルからスピンした影響でタイム

77年の最終戦ザルツブルグリングを走る2台のSC12。手前が2位となったメルツァリオのターボ仕様。後ろは3位のディーニ/フランシア組の自然吸気仕様。リアカウル上部のエアインテークの開口部の面積がまったく異なっている。

は1分43秒35に留まったが、それでも2位。他の出場車はすべて2ℓ以下のクラスであり、3位のオゼッラはブランビッラから4秒以上も遅かった。

レースでは、2台のアルファがいつものように3位以下をどんどん引き離していったが、13周目にメルツァリオが突然スピン（ダンパーのトラブルが再発したらしい）してあっさりリタイアとなってしまう。その後はブランビッラが独走の末に、ヴァレルンガ以来4戦ぶり、シーズン3勝目となる勝利を挙げた。

ザルツブルグリング300km
（1977年9月18日）

前年に続いて最終戦となったザルツブルグリングに、アウトデルタはエストリル以来の3台体制で臨んだ。最後の最後になってようやく待望のターボマシーンが登場し、メルツァリオがそのステアリングを握る。なお、エストリル同様サーキットの地理的条件などの要因が重なり、このレースにエントリーしたのはわずか9台に留まった。

①A.メルツァリオ[016]
②V.ブランビッラ
③S.ディーニ／G.フランシア組

予選では、ブランビッラが1分12秒65でポールポジションを獲得した。期待されたメルツァリオのターボマシーンは、強いアンダーステアや貧弱なブレーキのせいでビッグパワーを生かせず、1分12秒90で2位に留まった。ディーニ組も1分14秒14で3位と、いつものようにアルファが上位を独占する結果となった。4位のローラはディーニ組からでさえ4秒も引き離されていた。

レースは、スタートから飛び出したブランビッラが予選のタイムを上回るハイペースで走り、一度もその座を譲ることなく、70周を走り抜いて4勝目を飾った。注目のメルツァリオのターボマシーンは、燃料補給でピットに入った後エンジンが再始動せず（これもターボ・エンジンの弱点のひとつだった）、3分をロスしたが、それでも1周

33SC12 (1977)

側面から見たSC12のターボ仕様。リアカウル上部のエアダクト（インタークーラーの冷却風を取り込む）が自然吸気仕様よりかなり大きいので、容易に区別がつく。

遅れの2位。ディーニ組も2周遅れの3位と、アルファはシーズン2度目の表彰台独占という結果でシーズンを締めくくった。

インターセリエの2戦

この年、アウトデルタは前年に続いてインターセリエに、2戦だけ出場している。

1戦目は5月22日にアブスで開催された第2戦。ドライバーは前年に在籍したベルで、マシーンも実験的なエンジンを搭載していたといわれるが、詳細は不明である。レースは他に手強い競争相手がいなかったこともあり、2位のザウバーC5（2ℓクラス）に3分以上の大差をつけて圧勝した。

2戦目は10月9日にホッケンハイムで開催された最終戦。マシーンは、ザルツブルグリング以来の出場となるSC12のターボ仕様で、ステアリングを握ったのはやはりメルツァリオであった。レースは2ヒート制で争われ、どちらのヒートもメルツァリオがTOJを抑えて優勝を飾っている。そしてこれが、ターボ仕様のSC12にとって最初で最後の勝利となった。

この年限りでスポーツ・プロトタイプの世界選手権は自然消滅の道をたどり、SC12にとって戦いの場はついに失われてしまった。そしてアルファ・ロメオ自体も、経営陣の交代によってレース方針が大きく変わることになり、スポーツカーレースからは手を引き、それまでエンジンの供給に留まっていたF1に自らのチームで参戦（79年デビュー）に踏み切ることになる。それはまた、67年から続いてきたティーポ33の終焉をも意味していた。

振り返ってみれば、60年代後半から70年代前半にかけて、スポーツカーレースの黄金時代といわれた時期の真っただ中に生を受け、その後ポルシェやフェラーリ、マートラなどと戦いを繰り広げ、そして彼らが去った後、素晴らしき時代の最後を締めくくったのがティーポ33だったのである。

アルファ・ロメオ　ティーポ33の戦績

◎以下は1967〜77年のスポーツ・プロトタイプの世界選手権に、ワークス格のアウトデルタとセミ・ワークス格のVDSチームから出場したティーポ33の戦績である。表記は、順位■車番■ドライバー名■マシーン名■出場クラス■クラス順位あるいはリタイア理由■周回数■予選順位（予選タイム）。表記内の略称は、Rはリタイア、DNCは周回数不足で完走とは認められず、PPはポールポジション、Pはプロトタイプ、Sはスポーツカー、GTはグランドツーリングカー、Tはツーリングカー、出場クラスの数値は排気量（ℓ単位）、+は以上を表わす。

順位	車番	ドライバー名	マシーン名	出場クラス	クラス順位または リタイア理由	周回数	予選順位（予選タイム）
1967年							
●セブリング12時間（1967年4月1日）							
1位	1	B.マクラーレン／M.アンドレッティ	フォード・マークⅣ	P+2.0	1位	238周	PP（2分48秒0）
2位	2	A.J.フォイト／L.ルビー	フォード・マークⅡ	P+2.0	2位	226周	3位（2分53秒6）
3位	36	S.パトリック／G.ミッター	ポルシェ910	P2.0	1位	226周	11位（3分01秒1）
4位	37	J.シフェール／H.ヘルマン	ポルシェ910	P2.0	2位	223周	10位（3分01秒0）
5位	19	N.ヴァッカレラ／A.デ・アダミッチ	フォードGT40	S5.0	1位	223周	8位（2分59秒4）
6位	40	R.シュタイネマン／D.スポエリー	ポルシェ906LM	P2.0	3位	218周	17位（3分05秒8）
R	65	A.D.アダミッチ／T.ツェッコリ	アルファ・ロメオ33(004)	P2.0	サスペンション	84周	9位（3分00秒6）
R	66	R.ブッシネロ／N.ギャリ	アルファ・ロメオ33(005)	P2.0	点火系	36周	21位（3分11秒0）
●タルガ・フローリオ（1967年5月14日）							
1位	228	P.ホーキンス／R.シュトメレン	ポルシェ910	P+2.0	1位	10周	
2位	174	L.セラ／G.ビスカルディ	ポルシェ910	P2.0	1位	10周	
3位	166	V.エルフォード／J.ニーアパッシュ	ポルシェ910	P2.0	2位	10周	
4位	198	J.ウィリアムズ／V.ヴェンチュリ	フェラーリ・ディーノ206S	P2.0	3位	10周	
5位	130	H.グレダー／J-M.ジョルジ	フォードGT40	S+2.0	1位	10周	
6位	218	J.シフェール／H.ヘルマン	ポルシェ910	P+2.0	2位	9周	
DNC	192	N.ギャリ／I.ギュンティ	アルファ・ロメオ33	P2.0		9周	
R	170	A.D.アダミッチ／J.ローランド	アルファ・ロメオ33	P2.0	サスペンション	7周	
R	200	"ゲキ"／N.tダーロ	アルファ・ロメオ33	P2.0	事故	7周	
R	190	J.ボニエ／G.バゲッティ	アルファ・ロメオ33	P2.0	サスペンション	3周	
●ニュルブルクリング1000km（1967年5月28日）							
1位	17	U.シュッツ／J.ブゼッタ	ポルシェ910	P2.0	1位	44周	7位（8分56秒8）
2位	19	P.ホーキンス／G.コッホ	ポルシェ910	P2.0	2位	44周	8位（8分58秒8）
3位	18	J.ニーアパッシュ／V.エルフォード	ポルシェ910	P2.0	3位	44周	6位（8分51秒5）
4位	7	G.ミッター／L.ビアンキ	ポルシェ910	P+2.0	1位	43周	5位（8分49秒3）
5位	22	R.ブッシネロ／T.ツェッコリ	アルファ・ロメオ33	P2.0	3位	43周	14位（9分32秒0）
6位	66	H-D.ディヘント／R.フーン	ポルシェ906	S2.0	1位	42周	12位（9分17秒0）
R	20	A.D.アダミッチ／N.ギャリ	アルファ・ロメオ33	P2.0	サスペンション	18周	11位（9分09秒6）
R	21	"ゲキ"／G.バゲッティ	アルファ・ロメオ33	P2.0	ギアボックス	4周	16位（9分38秒3）
1968年							
●デイトナ24時間（1968年2月3／4日）							
1位	54	V.エルフォード／J.ニーアパッシュ他	ポルシェ907	P	1位	673周	5位（1分59秒15）
2位	52	J.シフェール／H.ヘルマン	ポルシェ907	P	2位	659周	4位（1分58秒22）
3位	51	J.ブゼッタ／J.シュレッサー	ポルシェ907	P	3位	659周	6位（2分00秒16）
4位	1	J.タイタス／R.バックナム	フォード・マスタング	TA+2.0	1位	629周	22位（2分07秒31）
5位	20	U.シュッツ／N.ヴァッカレラ	アルファ・ロメオ33/2	P	4位	617周	9位（2分02秒21）
6位	23	L.ビアンキ／M.アンドレッティ	アルファ・ロメオ33/2(015)	P	5位	609周	11位（2分02秒38）
7位	22	M.カゾーニ／G.ビスカルディ	アルファ・ロメオ33/2	P	6位	594周	13位（2分02秒73）
●BOAC500マイル（1968年4月7日）							
1位	4	J.イクス／B.レッドマン	フォードGT40	S5.0	1位	218周	5位（1分36秒8）
2位	38	G.ミッター／R.スカルフィオッティ	ポルシェ907	P3.0	1位	218周	3位（1分35秒6）
3位	36	V.エルフォード／J.ニーアパッシュ	ポルシェ907	P3.0	2位	216周	4位（1分36秒2）
4位	5	P.ホーキンス／D.ホッブス	フォードGT40	S5.0	2位	210周	13位（1分40秒4）
5位	9	P.ロドリゲス／R.ピアポイント	フェラーリ250LM	S5.0	3位	209周	9位（1分39秒2）
6位	2	J.ボニエ／S.アクセルソン	ローラT70・MK3	S5.0	4位	207周	7位（1分38秒4）
14位	44	N.ギャリ／G.バゲッティ	アルファ・ロメオ33/2	P2.0	5	198周	26位（1分45秒4）
20位	42	R.アトウッド／N.ヴァッカレラ	アルファ・ロメオ33/2	P2.0		169周	21位（1分42秒8）
R	43	L.ビアンキ／U.シュッツ	アルファ・ロメオ33/2	P2.0	事故	125周	17位（1分41秒8）
●モンザ1000km（1968年4月25日）							
1位	40	P.ホーキンス／D.ホッブス	フォードGT40	S5.0	1位	100周	3位（2分59秒7）
2位	3	R.シュトメレン／J.ニーアパッシュ	ポルシェ907	P3.0	1位	100周	7位（3分06秒9）
3位	1	P.ドゥパイエ／A.D.コルタンツ	アルピーヌA211	P3.0	2位	97周	9位（3分10秒7）
4位	19	G.コッホ／R.リンス	ポルシェ910	P2.0	1位	95周	14位（3分16秒4）
5位	14	A.ニコデミ／C.ファチェッティ	ポルシェ910	P2.0	2位	94周	11位（3分12秒5）
6位	9	A.ウィッキー／J-P.アンリュー	ポルシェ910	P2.0	3位	92周	19位（3分20秒7）
R	26	G.ゲスラン／S.トロッシュ	アルファ・ロメオ33/2(007)	P2.0	エンジン	14周	16位（3分17秒5）
R	27	T.ピレット／G.ビスカルディ	アルファ・ロメオ33/2	P2.0	エンジン	5周	13位（3分13秒8）
●タルガ・フローリオ（1968年5月5日）							
1位	224	V.エルフォード／U.マリオリ	ポルシェ907	P3.0	1位	10周	
2位	186	N.ギャリ／I.ギュンティ	アルファ・ロメオ33/2(017)	P2.0	1位	10周	
3位	192	L.ビアンキ／M.カゾーニ	アルファ・ロメオ33/2(014)	P2.0	2位	10周	
4位	222	H.ヘルマン／J.ニーアパッシュ	ポルシェ907	P3.0	2位	10周	
5位	178	T.ピレット／R.スロートマーカー	アルファ・ロメオ33/2	P2.0	3位	10周	
6位	182	G.バゲッティ／G.ビスカルディ	アルファ・ロメオ33/2	P2.0	4位	10周	
R	220	N.ヴァッカレラ／U.シュッツ	アルファ・ロメオ33/2.5(015)	P3.0	事故	3周	
R	180	G.ゲスラン／S.トロッシュ	アルファ・ロメオ33/2	P2.0	サスペンション	不明	
●ニュルブルクリング1000km（1968年5月19日）							
1位	2	J.シフェール／V.エルフォード	ポルシェ908	P3.0	1位	44周	27位（9分35秒9）

順位	車番	ドライバー名	マシーン名	出場クラス	クラス順位または リタイア理由	周回数	予選順位(予選タイム)
2位	3	H.ヘルマン／R.シュトメレン	ポルシェ907	P3.0	2位	44周	PP (8分32秒8)
3位	65	J.イクス／P.ホーキンス	フォードGT40	S5.0	1位	44周	2位 (8分37秒4)
4位	4	J.ニーパッシュ／J.ブゼッタ	ポルシェ907	P3.0	3位	44周	6位 (8分52秒1)
5位	16	N.ギャリ／I.ギュンティ	アルファ・ロメオ33/2 (017)	P2.0	1位	43周	8位 (8分59秒7)
6位	66	D.ホップス／B.レッドマン	フォードGT40	S5.0	2位	43周	10位 (9分03秒7)
7位	5	U.シュッツ／L.ビアンキ	アルファ・ロメオ33/2.5 (015)	P3.0	4位	42周	4位 (8分42秒2)
10位	15	H.シュルツ／N.ヴァッカレラ	アルファ・ロメオ33/2	P2.0	3位	41周	7位 (8分55秒7)
13位	18	G.ゲスラン／S.トロッシュ	アルファ・ロメオ33/2	P2.0	4位	40周	33位 (9分51秒3)
29位	17	T.ピレット／R.スロートマーカー	アルファ・ロメオ33/2	P2.0	8位	37周	18位 (9分22秒9)

●スパ・フランコルシャン1000km (1968年5月26日)

順位	車番	ドライバー名	マシーン名	出場クラス	クラス順位または リタイア理由	周回数	予選順位(予選タイム)
1位	33	J.イクス／B.レッドマン	フォードGT40	S5.0	1位	71周	2位 (3分40秒3)
2位	4	G.ミッター／J.シュレッサー	ポルシェ907	P3.0	1位	70周	6位 (3分48秒0)
3位	5	H.ヘルマン／R.シュトメレン	ポルシェ908	P3.0	2位	69周	5位 (3分45秒7)
4位	34	P.ホーキンス／D.ホップス	フォードGT40	S5.0	2位	67周	8位 (3分50秒9)
5位	12	G.コッホ／R.リンス	ポルシェ910	P2.0	1位	67周	10位 (3分59秒1)
6位	11	D.スポエリー／R.シュタイネマン	ポルシェ910	P2.0	2位	66周	15位 (4分04秒4)
12位	17	T.ピレット／R.スロートマーカー	アルファ・ロメオ33/2	P2.0	3位	59周	16位 (4分04秒5)
16位	16	G.ゲスラン／S.トロッシュ	アルファ・ロメオ33/2	P2.0	4位	57周	14位 (4分03秒1)

●オーストリアGP (1968年8月25日)

順位	車番	ドライバー名	マシーン名	出場クラス	クラス順位または リタイア理由	周回数	予選順位(予選タイム)
1位	1	J.シフェール	ポルシェ908	P3.0	1位	157周	PP (1分04秒86)
2位	3	H.ヘルマン／K.アーレンス	ポルシェ908	P3.0	2位	157周	3位 (1分05秒73)
3位	20	P.ホーキンス	フォードGT40	S5.0	1位	152周	6位 (1分07秒00)
4位	6	T.ピレット	アルファ・ロメオ33/2.5 (015)	P3.0	3位	152周	7位 (1分07秒34)
5位	10	W.カウーゼン／K.V.ヴェント	ポルシェ910	P2.0	1位	147周	12位 (1分09秒07)
6位	9	D.スポエリー／R.シュトメレン	ポルシェ910	P2.0	2位	146周	11位 (1分09秒52)
12位	8	S.トロッシュ	アルファ・ロメオ33/2 (014)	P2.0	4位	124周	14位 (1分10秒82)

●ルマン24時間 (1968年9月28～29日)

順位	車番	ドライバー名	マシーン名	出場クラス	クラス順位または リタイア理由	周回数	予選順位(予選タイム)
1位	9	P.ロドリゲス／L.ビアンキ	フォードGT40	S5.0	1位	331周	4位 (3分39秒8)
2位	66	D.スポエリー／R.シュタイネマン	ポルシェ907	P3.0	1位	326周	22位 (3分57秒4)
3位	33	R.シュトメレン／J.ニーパッシュ	ポルシェ908	P3.0	2位	325周	2位 (3分35秒8)
4位	39	I.ギュンティ／N.ギャリ	アルファ・ロメオ33/2 (017or024)	P2.0	1位	322周	17位 (3分54秒1)
5位	38	C.ファチェッティ／S.ディーニ	アルファ・ロメオ33/2 (018)	P2.0	2位	315周	21位 (3分57秒0)
6位	40	M.カゾーニ／G.ビスカルディ	アルファ・ロメオ33/2 (026)	P2.0	3位	305周	23位 (3分57秒4)
R	41	N.ヴァッカレラ／G.バゲッティ	アルファ・ロメオ33/2 (022)	P2.0	燃料ポンプ	150周	14位 (3分53秒6)
R	37	T.ピレット／R.スロートマーカー	アルファ・ロメオ33/2 (020)	P2.0	ドライブシャフト	104周	33位 (4分11秒6)
R	65	S.トロッシュ／K.V.ヴェント	アルファ・ロメオ33/2 (012)	P2.0	エンジン	7周	35位 (4分15秒2)

1969年

●セブリング12時間 (1969年3月22日)

順位	車番	ドライバー名	マシーン名	出場クラス	クラス順位または リタイア理由	周回数	予選順位(予選タイム)
1位	22	J.イクス／J.オリヴァー	フォードGT40	S5.0	1位	239周	12位 (2分47秒43)
2位	25	C.エイモン／M.アンドレッティ	フェラーリ312P	P3.0	1位	238周	PP (2分45秒14)
3位	27	J.ブゼッタ／R.シュトメレン	ポルシェ908/02	P3.0	2位	235周	11位 (2分45秒67)
4位	44	A.ソーラー-ロイグ／R.リンス	ポルシェ907	P3.0	3位	233周	16位 (2分54秒55)
5位	29	G.ミッター／U.シュッツ	ポルシェ908/02	P3.0	4位	232周	3位 (2分42秒47)
6位	11	L.モッシェンバッハ／E.レスリー	ローラT70MK3	S5.0	2位	229周	6位 (2分44秒05)
R	33	N.ヴァッカレラ／L.ビアンキ	アルファ・ロメオ33/3	P3.0	オーバーヒート	17周	14位 (2分47秒95)
R	32	A.D.アダミッチ／M.カゾーニ	アルファ・ロメオ33/3	P3.0	オーバーヒート	15周	10位 (2分45秒64)
R	34	N.ギャリ／I.ギュンティ	アルファ・ロメオ33/3	P3.0	ホイール	2周	15位 (2分51秒36)

●BOAC500マイル (1969年4月13日)

順位	車番	ドライバー名	マシーン名	出場クラス	クラス順位または リタイア理由	周回数	予選順位(予選タイム)
1位	53	J.シフェール／B.レッドマン	ポルシェ908/02	P3.0	1位	227周	PP (1分28秒8)
2位	55	V.エルフォード／R.アトウッド	ポルシェ908/02	P3.0	2位	225周	4位 (1分32秒0)
3位	54	G.ミッター／U.シュッツ	ポルシェ908/02	P3.0	3位	223周	5位 (1分32秒2)
4位	60	C.エイモン／P.ロドリゲス	フェラーリ312P	P3.0	4位	223周	2位 (1分30秒0)
5位	10	D.ホップス／M.ヘイルウッド	フォードGT40	S5.0	1位	207周	14位 (1分37秒8)
6位	56	H.ヘルマン／R.シュトメレン	ポルシェ908/02	P3.0	5位	205周	6位 (1分33秒2)
9位	21	T.ピレット／R.スロートマーカー	アルファ・ロメオ33/2	S2.0	2位	203周	23位 (1分41秒2)
R	22	G.ゲスラン／C.ブルゴワーニュ	アルファ・ロメオ33/2	S2.0	油圧	100周	29位 (1分43秒8)

●モンザ1000km (1969年4月25日)

順位	車番	ドライバー名	マシーン名	出場クラス	クラス順位または リタイア理由	周回数	予選順位(予選タイム)
1位	4	J.シフェール／B.レッドマン	ポルシェ908	P3.0	1位	100周	2位 (2分50秒3)
2位	7	H.ヘルマン／K.アーレンス	ポルシェ908	P3.0	2位	99周	4位 (2分51秒9)
3位	10	G.コッホ／H-D.ディヘント	ポルシェ907	P3.0	3位	92周	20位 (3分04秒9)
4位	35	H.ケレナース／R.イエスト	フォードGT40	S5.0	1位	92周	18位 (3分04秒7)
5位	33	F.ガードナー／A.D.アダミッチ	ローラT70MK3B	P3.0	2位	92周	10位 (2分59秒5)
6位	18	P.ドゥバイエ／J-P.ジャブイーユ	アルピーヌA220	P3.0	4位	91周	12位 (3分00秒2)
8位	19	T.ピレット／R.スロートマーカー	アルファ・ロメオ33/2.5 (015)	P3.0	5位	87周	15位 (3分02秒3)
R	26	G.ゲスラン／C.ブルゴワーニュ	アルファ・ロメオ33/2	P2.0	燃料系	6周	30位 (3分16秒2)

●タルガ・フローリオ (1969年5月4日)

順位	車番	ドライバー名	マシーン名	出場クラス	クラス順位または リタイア理由	周回数	予選順位(予選タイム)
1位	266	G.ミッター／U.シュッツ	ポルシェ908/02	P3.0	1位	10周	
2位	270	V.エルフォード／U.マリオリ	ポルシェ908/02	P3.0	2位	10周	
3位	274	H.ヘルマン／R.シュトメレン	ポルシェ908/02	P3.0	3位	10周	
4位	272	K.V.ヴェント／W.カウーゼン	ポルシェ908/02	P3.0	4位	10周	
5位	248	E.ピント／G.アルベルティ	ポルシェ907	P2.0	1位	10周	
6位	276	G.コッホ／H-D.ディヘント	ポルシェ907	P3.0	5位	9周	
R	262	N.ヴァッカレラ／A.D.アダミッチ	アルファ・ロメオ33/2.5	P3.0	エンジン	6周	
R	180	N.ギャリ／I.ギュンティ	アルファ・ロメオ33/2 (017)	S5.0	事故	4周	

順位	車番	ドライバー名	マシーン名	出場クラス	クラス順位または リタイア理由	周回数	予選順位（予選タイム）
●スパ・フランコルシャン1000km（1969年5月11日）							
1位	25	J.シフェール／B.レッドマン	ポルシェ908	P3.0	1位	71周	3位（3分48秒6）
2位	8	P.ロドリゲス／D.パイパー	フェラーリ312P	P3.0	2位	71周	4位（3分56秒3）
3位	10	V.エルフォード／K.アーレンス	ポルシェ908	P3.0	3位	70周	6位（3分59秒1）
4位	11	H.ヘルマン／R.シュトメレン	ポルシェ908	P3.0	4位	67周	7位（4分01秒7）
5位	32	J.ボニエ／H.ミューラー	ローラT70MK3B	S5.0	1位	67周	5位（3分57秒4）
6位	16	T.ピレット／R.スロートマーカー	アルファ・ロメオ33/2.5（015）	P3.0	5位	65周	9位（4分07秒0）
R	17	G.ゲスラン／C.ブルゴワーニュ	アルファ・ロメオ33/2.5	P3.0	エンジン	0周	29位（4分53秒8）
●ニュルブルクリンク1000km（1969年6月1日）							
1位	1	J.シフェール／B.レッドマン	ポルシェ908/02	P3.0	1位	44周	PP（8分00秒2）
2位	4	H.ヘルマン／R.シュトメレン	ポルシェ908/02	P3.0	2位	44周	4位（8分04秒2）
3位	3	V.エルフォード／K.アーレンス	ポルシェ908/02	P3.0	3位	44周	5位（8分11秒0）
4位	6	R.リンス／R.アトウッド	ポルシェ908/02	P3.0	4位	43周	6位（8分11秒1）
5位	2	W.カウゼン／K.V.ヴェント	ポルシェ908/02	P3.0	5位	42周	7位（8分15秒7）
6位	56	H.ケレナース／R.イエスト	フォードGT40	S5.0	1位	41周	11位（8分41秒1）
7位	84	C.ファチェッティ／H.シュルツ	アルファ・ロメオ33/2（026）	S2.0	1位	40周	55位（11分19秒7）
11位	76	G.ゲスラン／C.ブルゴワーニュ	アルファ・ロメオ33/2.5	P3.0	3位	39周	28位（9分30秒6）
15位	86	N.ヴァッカレラ／A.D.アダミッチ	アルファ・ロメオ33/2	S2.0	6位	38周	21位（9分10秒6）
R	16	T.ピレット／R.スロートマーカー	アルファ・ロメオ33/2.5	P3.0	事故	5周	16位（8分59秒5）
R	85	N.ギャリ／I.ギュンティ	アルファ・ロメオ33/2（017）	S2.0	エンジン	1周	13位（8分51秒1）
●ルマン24時間（1969年6月14～15日）							
1位	6	J.イクス／J.オリヴァー	フォードGT40	S5.0	1位	372周	13位（3分37秒5）
2位	64	H.ヘルマン／G.ラルース	ポルシェ908	P3.0	1位	372周	6位（3分35秒6）
3位	7	D.ホッブス／M.ヘイルウッド	フォードGT40	S5.0	2位	368周	14位（3分39秒5）
4位	33	P.カレッジ／J-P.ベルトワーズ	マトラMS650	P3.0	2位	368周	12位（3分37秒5）
5位	32	J.グーシェ／N.ヴァッカレラ	マトラMS630	P3.0	5位	359周	17位（3分44秒6）
6位	68	H.ケレナース／R.イエスト	フォードGT40	S5.0	3位	341周	22位（3分51秒1）
R	38	G.ゲスラン／C.ブルゴワーニュ	アルファ・ロメオ33/2	P2.0	事故	76周	27位（4分09秒8）
R	36	T.ピレット／R.スロートマーカー	アルファ・ロメオ33/2.5	P3.0	油圧	36周	24位（3分53秒7）
●オーストリア1000km（1969年8月10日）							
1位	29	J.シフェール／K.アーレンス	ポルシェ917	S5.0	1位	170周	4位（1分48秒4）
2位	33	J.ボニエ／H.ミューラー	ローラT70MK3B	S5.0	2位	170周	2位（1分48秒2）
3位	30	R.アトウッド／B.レッドマン	ポルシェ917	S5.0	3位	169周	6位（1分49秒0）
4位	11	M.グレゴリー／R.ブロストロム	ポルシェ908/02	P3.0	1位	168周	7位（1分49秒7）
5位	41	R.リンス／G.ラルース	ポルシェ908/02	P3.0	2位	168周	11位（1分53秒7）
6位	5	K.V.ヴェント／W.カウゼン	ポルシェ908/02	P3.0	3位	168周	12位（1分54秒2）
R	6	N.ギャリ／I.ギュンティ	アルファ・ロメオ33/3（003）	P3.0	エンジン	127周	5位（1分48秒9）
R	7	N.ヴァッカレラ／A.D.アダミッチ	アルファ・ロメオ33/3（004）	P3.0	事故	91周	8位（1分49秒6）
R	8	M.カゾーニ／T.ツェッコリ	アルファ・ロメオ33/3（002）	P3.0	事故	4周	13位（1分55秒1）
R	2	T.ピレット／R.スロートマーカー	アルファ・ロメオ33/2.5	P3.0	エンジン		15位（1分57秒5）
R	14	G.ゲスラン／C.ブルゴワーニュ	アルファ・ロメオ33/2	S2.0	油圧		28位（2分02秒3）

1970年

順位	車番	ドライバー名	マシーン名	出場クラス	クラス順位または リタイア理由	周回数	予選順位（予選タイム）
●セブリング12時間（1970年3月21日）							
1位	21	M.アンドレッティ／N.ヴァッカレラ／I.ギュンティ	フェラーリ512S	S5.0	1位	248周	7位（2分36秒60）
2位	48	P.レヴソン／S.マックィーン	ポルシェ908/02	P3.0	1位	248周	15位（2分42秒75）
3位	33	M.グレゴリー／T.ヘゼマンズ	アルファ・ロメオ33/3	P3.0	2位	247周	13位（2分41秒37）
4位	15	P.ロドリゲス／L.キニューネン／J.シフェール	ポルシェ917K	S5.0	2位	244周	5位（2分36秒31）
5位	34	H.ペスカロロ／J.セルヴォツ・ギャバン	マトラ・シムカMS650	P3.0	3位	242周	10位（2分39秒50）
6位	22	M.パークス／C.パーソンズ	フェラーリ312P	P3.0	4位	240周	14位（2分42秒19）
8位	31	A.D.アダミッチ／P.カレッジ	アルファ・ロメオ33/3	P3.0	6位	231周	9位（2分38秒47）
9位	32	N.ギャリ／R.シュトメレン	アルファ・ロメオ33/3（002）	P3.0	7位	230周	12位（2分40秒78）
●BOAC1000km（1970年4月12日）							
1位	10	P.ロドリゲス／L.キニューネン	ポルシェ917K	S5.0	1位	235周	7位（1分30秒0）
2位	11	V.エルフォード／D.ハルム	ポルシェ917K	S5.0	2位	230周	3位（1分28秒8）
3位	12	H.ヘルマン／R.アトウッド	ポルシェ917K	S5.0	3位	227周	9位（1分30秒4）
4位	57	G.V.レネップ／H.レイネ	ポルシェ908/02	P3.0	1位	227周	10位（1分30秒8）
5位	2	C.エイモン／A.メルツァリオ	フェラーリ512S	S5.0	4位	225周	PP（1分28秒6）
6位	56	G.ラルース／G.コッホ	ポルシェ908/02	P3.0	2位	217周	21位（1分36秒8）
R	60	A.D.アダミッチ／P.カレッジ	アルファ・ロメオ33/3	P3.0	事故	54周	8位（1分30秒4）
●モンザ1000km（1970年4月25日）							
1位	10	P.ロドリゲス／L.キニューネン	ポルシェ917K	S5.0	1位	174周	5位（1分26秒36）
2位	3	N.ヴァッカレラ／I.ギュンティ	フェラーリ512S	S5.0	2位	174周	4位（1分26秒19）
3位	2	J.サーティーズ／P.シェッティ	フェラーリ512S	S5.0	3位	171周	6位（1分26秒69）
4位	1	C.エイモン／A.メルツァリオ	フェラーリ512S	S5.0	4位	171周	2位（1分25秒78）
5位	36	J-P.ベルトワーズ／J.ブラバム	マトラ・シムカMS650	P3.0	1位	169周	13位（1分28秒60）
6位	37	H.ペスカロロ／J.セルヴォツ・ギャバン	マトラ・シムカMS650	P3.0	2位	169周	12位（1分28秒34）
7位	38	N.ギャリ／R.シュトメレン	アルファ・ロメオ33/3	P3.0	3位	166周	11位（1分28秒90）
13位	41	A.D.アダミッチ／P.カレッジ	アルファ・ロメオ33/3	P3.0	4位	158周	10位（1分27秒80）
R	39	M.グレゴリー／T.ヘゼマンズ	アルファ・ロメオ33/3	P3.0	エンジン	131周	16位（1分29秒21）
R	40	C.ファチェッティ／T.ツェッコリ	アルファ・ロメオ33/3	P3.0	電気系	67周	18位（1分32秒79）
●タルガ・フローリオ（1970年5月3日）							
1位	12	J.シフェール／B.レッドマン	ポルシェ908/03	P3.0	1位	11周	
2位	40	P.ロドリゲス／L.キニューネン	ポルシェ908/03	P3.0	2位	11周	
3位	6	N.ヴァッカレラ／I.ギュンティ	フェラーリ512S	S5.0	1位	11周	

順位	車番	ドライバー名	マシーン名	出場クラス	クラス順位またはリタイア理由	周回数	予選順位（予選タイム）
4位	18	G.V.レネップ／H.レイネ	ポルシェ908/02	P3.0	3位	11周	
5位	36	R.アトウッド／B.ワルデガルド	ポルシェ908/03	P3.0	4位	11周	
6位	4	H.ミューラー／M.パークス	フェラーリ512S	S5.0	2位	10周	
R	28	A.D.アダミッチ／P.カレッジ	アルファ・ロメオ33/3	P3.0	事故	7周	
R	14	M.グレゴリー／T.ヘゼマンズ	アルファ・ロメオ33/3	P3.0	事故	5周	
R	33	N.ギャリ／U.マリオリ	アルファ・ロメオ33/3	P3.0	事故	0周	

● ニュルブルクリング1000km（1970年5月31日）

順位	車番	ドライバー名	マシーン名	出場クラス	クラス順位またはリタイア理由	周回数	予選順位（予選タイム）
1位	22	V.エルフォード／K.アーレンス	ポルシェ908/03	P3.0	1位	44周	3位（7分48秒2）
2位	15	H.ヘルマン／R.アトウッド	ポルシェ908/03	P3.0	2位	44周	4位（7分57秒1）
3位	55	J.サーティーズ／R.ギャリ	フェラーリ512S	S5.0	1位	43周	7位（8分12秒1）
4位	58	M.パークス／H.ミューラー	フェラーリ512S	S5.0	2位	42周	8位（8分15秒9）
5位	1	G.ラルース／H.マルコ	ポルシェ908/02	P3.0	3位	42周	10位（8分21秒5）
6位	2	R.リンス／W.カウーゼン	ポルシェ908/02	P3.0	4位	42周	12位（8分35秒7）
R	6	R.シュトメレン／P.カレッジ	アルファ・ロメオ33/3(004)	P3.0	ダンパー	11周	5位（8分00秒5）

● ルマン24時間（1970年6月14～15日）

順位	車番	ドライバー名	マシーン名	出場クラス	クラス順位またはリタイア理由	周回数	予選順位（予選タイム）
1位	23	H.ヘルマン／R.アトウッド	ポルシェ917K	S5.0	1位	343周	15位（3分32秒6）
2位	3	G.ラルース／W.カウーゼン	ポルシェ917LH	S5.0	2位	338周	12位（3分30秒8）
3位	27	R.リンス／H.マルコ	ポルシェ908/02	P3.0	1位	335周	22位（3分39秒2）
4位	11	S.ポージー／R.バックナム	フェラーリ512S	S5.0	3位	313周	13位（3分31秒2）
5位	12	H.D.フィアラント／A.ウォーカー	フェラーリ512S	S5.0	4位	305周	25位（3分40秒4）
6位	40	C.バロ－レナ／G.シャシーユ	ポルシェ914/6	GT2.0	1位	285周	45位（4分30秒0）
R	36	A.D.アダミッチ／P.カレッジ	アルファ・ロメオ33/3(010)	P3.0	ピストン	222周	19位（3分35秒7）
R	35	R.シュトメレン／N.ギャリ	アルファ・ロメオ33/3(007)	P3.0	失格	220周	17位（3分33秒8）
R	38	C.ファチェッティ／T.ツェッコリ	アルファ・ロメオ33/3(009)	P3.0	事故	43周	26位（3分41秒5）
R	37	M.グレゴリー／T.ヘゼマンズ	アルファ・ロメオ33/3(014)	P3.0	ピストン	5周	23位（3分39秒0）

● オーストリア1000km（1970年10月11日）

順位	車番	ドライバー名	マシーン名	出場クラス	クラス順位またはリタイア理由	周回数	予選順位（予選タイム）
1位	1	J.シフェール／B.レッドマン	ポルシェ917K	S5.0	1位	170周	5位（1分42秒02）
2位	3	A.D.アダミッチ／H.ペスカロ－ロ	アルファ・ロメオ33/3	P3.0	1位	168周	7位（1分43秒61）
3位	6	G.ラルース／R.リンス	ポルシェ908/02	P3.0	2位	167周	9位（1分46秒89）
4位	21	V.エルフォード／R.アトウッド	ポルシェ917K	S5.0	2位	162周	4位（1分41秒19）
5位	5	R.イエスト／G.バンクル	ポルシェ908/02	P3.0	3位	162周	11位（1分49秒26）
6位	12	N.ラウダ／P.ペーター	ポルシェ908/02	P3.0	4位	161周	12位（1分49秒42）
R	7	R.シュトメレン／N.ギャリ	アルファ・ロメオ33/3	P3.0	エンジン	60周	6位（1分42秒78）
R	4	C.ファチェッティ／T.ツェッコリ	アルファ・ロメオ33/3	P3.0	事故		10位（1分47秒39）
R	2	M.グレゴリー／T.ヘゼマンズ	アルファ・ロメオ33/3	P3.0	失格		8位（1分44秒23）

1971年

● ブエノスアイレス1000km（1971年1月10日）

順位	車番	ドライバー名	マシーン名	出場クラス	クラス順位またはリタイア理由	周回数	予選順位（予選タイム）
1位	30	J.シフェール／D.ベル	ポルシェ917K	S	1位	165周	3位（1分53秒40）
2位	32	P.ロドリゲス／J.オリヴァー	ポルシェ917K	S	2位	164周	PP（1分52秒70）
3位	14	R.シュトメレン／N.ヴァッカレラ／N.ギャリ	アルファ・ロメオ33/3	P3.0	1位	163周	7位（1分55秒57）
4位	16	A.D.アダミッチ／H.ペスカロ－ロ	アルファ・ロメオ33/3(005)	P3.0	2位	161周	5位（1分54秒43）
5位	20	J.ユンカデラ／C.パイレッティ	フェラーリ512S	S	3位	155周	12位（1分56秒87）
6位	18	H.D.フィアラント／G.ゲスラン	フェラーリ512S	S	4位	153周	16位（2分01秒20）

● セブリング12時間（1971年3月20日）

順位	車番	ドライバー名	マシーン名	出場クラス	クラス順位またはリタイア理由	周回数	予選順位（予選タイム）
1位	3	V.エルフォード／G.ラルース	ポルシェ917K	S	1位	260周	4位（2分34秒81）
2位	33	N.ギャリ／R.シュトメレン	アルファ・ロメオ33/3(009)	P3.0	1位	257周	5位（2分34秒99）
3位	32	A.D.アダミッチ／H.ペスカロ－ロ	アルファ・ロメオ33/3	P3.0	2位	248周	11位（2分40秒17）
4位	2	P.ロドリゲス／J.オリヴァー	ポルシェ917K	S	2位	248周	3位（2分33秒84）
5位	1	J.シフェール／D.ベル	ポルシェ917K	S	3位	244周	6位（2分35秒18）
6位	6	M.ダナヒュー／D.ホッブス	フェラーリ512M	S	4位	243周	PP（2分31秒65）
R	34	N.ヴァッカレラ／T.ヘゼマンズ	アルファ・ロメオ33/3	P3.0	燃料系	27周	10位（2分38秒85）

● BOAC1000km（1971年4月4日）

順位	車番	ドライバー名	マシーン名	出場クラス	クラス順位またはリタイア理由	周回数	予選順位（予選タイム）
1位	54	A.D.アダミッチ／H.ペスカロ－ロ	アルファ・ロメオ33/3(005)	P3.0	1位	235周	6位（1分29秒6）
2位	51	J.イクス／C.レガッツォーニ	フェラーリ312PB	P3.0	2位	232周	PP（1分27秒4）
3位	6	J.シフェール／D.ベル	ポルシェ917K	S5.0	1位	229周	3位（1分28秒4）
4位	1	H.ミューラー／R.ヘルツォグ	フェラーリ512M	S5.0	2位	228周	11位（1分32秒6）
5位	3	D.ホッブス／J.ユンカデラ	フェラーリ512M	S5.0	3位	227周	8位（1分31秒6）
6位	10	R.イエスト／W.カウーゼン	ポルシェ917K	S5.0	4位	221周	12位（1分34秒6）
R	55	R.シュトメレン／T.ヘゼマンズ	アルファ・ロメオ33/3(023)	P3.0	エンジン	183周	2位（1分27秒8）

● モンザ1000km（1971年4月25日）

順位	車番	ドライバー名	マシーン名	出場クラス	クラス順位またはリタイア理由	周回数	予選順位（予選タイム）
1位	2	P.ロドリゲス／J.オリヴァー	ポルシェ917K	S5.0	1位	174周	5位（1分35秒74）
2位	1	J.シフェール／D.ベル	ポルシェ917K	S5.0	2位	171周	7位（1分36秒40）
3位	18	A.D.アダミッチ／H.ペスカロ－ロ	アルファ・ロメオ33/3(005)	P3.0	1位	168周	6位（1分35秒74）
4位	19	R.シュトメレン／T.ヘゼマンズ	アルファ・ロメオ33/3(020)	P3.0	2位	167周	3位（1分35秒15）
5位	16	N.ヴァッカレラ／T.ヘゼマンズ／R.シュトメレン	アルファ・ロメオ33/3	P3.0	3位	166周	8位（1分36秒98）
6位		H.ミューラー／R.ヘルツォグ	フェラーリ512M	S5.0	3位	164周	10位（1分38秒30）

● スパ・フランコルシャン1000km（1971年5月9日）

順位	車番	ドライバー名	マシーン名	出場クラス	クラス順位またはリタイア理由	周回数	予選順位（予選タイム）
1位	21	P.ロドリゲス／J.オリヴァー	ポルシェ917K	S5.0	1位	71周	3位（3分19秒2）
2位	20	J.シフェール／D.ベル	ポルシェ917K	S5.0	2位	71周	PP（3分16秒0）
3位	2	A.D.アダミッチ／H.ペスカロ－ロ	アルファ・ロメオ33/3(009)	P3.0	1位	67周	8位（3分27秒1）
4位	25	W.カウーゼン／R.イエスト	ポルシェ917K	S5.0	3位	66周	7位（3分26秒2）
5位	3	C.バロ－レナ／G.シャシーユ	ポルシェ908/02	P3.0	2位	60周	13位（3分53秒9）
6位	31	T.ピレット／G.ゲスラン	ローラT70MK3B	S5.0	4位	58周	12位（3分41秒6）

● タルガ・フローリオ（1971年5月16日）

順位	車番	ドライバー名	マシーン名	出場クラス	クラス順位またはリタイア理由	周回数	予選順位（予選タイム）
1位	5	N.ヴァッカレラ／T.ヘゼマンズ	アルファ・ロメオ33/3	P3.0	1位	11周	PP（34分14秒2）

順位	車番	ドライバー名	マシーン名	出場クラス	クラス順位またはリタイア理由	周回数	予選順位（予選タイム）
2位	2	A.D.アダミッチ／G.V.レネップ	アルファ・ロメオ33/3	P3.0	2位	11周	2位（34分36秒9）
3位	14	J.ボニエ／R.アトウッド	ローラT212	P2.0	1位	11周	8位（37分20秒3）
4位	42	B.シェネヴィエール／P.ケラー	ポルシェ911S	GT+2.0	1位	10周	23位（42分04秒5）
5位	19	M.パークス／P.ウェストバリー	ローラT212	P2.0	2位	10周	9位（37分44秒7）
6位	40	G.プッチ／D.シュミット	ポルシェ911S	GT+2.0	2位	10周	22位（41分46秒9）
R	6	R.シュトメレン／L.キニューネン	アルファ・ロメオ33/3	P3.0	事故	0周	3位（34分49秒3）

●ニュルブルクリング1000km（1971年5月30日）

順位	車番	ドライバー名	マシーン名	出場クラス	クラス順位またはリタイア理由	周回数	予選順位（予選タイム）
1位	3	V.エルフォード／G.ラルース	ポルシェ908/03	P3.0	1位	44周	3位（7分46秒9）
2位	1	P.ロドリゲス／J.オリヴァー／J.シフェール	ポルシェ908/03	P3.0	2位	44周	6位（7分54秒6）
3位	2	H.マルコ／G.V.レネップ	ポルシェ908/03	P3.0	3位	44周	4位（7分47秒9）
4位	11	A.D.アダミッチ／H.ペスカローロ	アルファ・ロメオ33/3（009）	P3.0	4位	44周	7位（7分55秒8）
5位	12	T.ヘゼマンズ／N.ヴァッカレラ	アルファ・ロメオ33/3	P3.0	5位	42周	8位（8分01秒2）
6位	55	R.イエスト／W.カウーゼン	ポルシェ917K	S5.0	1位	40周	10位（8分18秒8）
R	10	R.シュトメレン／N.ギャリ	アルファ・ロメオ33/3	P3.0	エンジン	14周	2位（7分45秒1）

●オーストリア1000km（1971年6月27日）

順位	車番	ドライバー名	マシーン名	出場クラス	クラス順位またはリタイア理由	周回数	予選順位（予選タイム）
1位	16	P.ロドリゲス／R.アトウッド	ポルシェ917K	S5.0	1位	170周	PP（1分39秒49）
2位	3	N.ヴァッカレラ／T.ヘゼマンズ	アルファ・ロメオ33/3	P3.0	1位	168周	8位（1分43秒44）
3位	2	R.シュトメレン／N.ギャリ	アルファ・ロメオ33/3	P3.0	2位	168周	6位（1分42秒92）
4位	18	"パム"／M.カゾーニ	フェラーリ512M	S5.0	2位	159周	12位（1分47秒78）
5位	26	E.ボノメリ／"ブーキー"	ポルシェ910	S2.0	1位	140周	14位（2分01秒77）
6位	43	C.シュケンタンツ／P.ケルステン	ポルシェ911S	GT+2.0	1位	139周	17位（2分05秒77）
R		A.D.アダミッチ／H.ペスカローロ	アルファ・ロメオ33/3	P3.0	油圧		7位（1分43秒29）

●ワトキンズ・グレン6時間（1971年7月24日）

順位	車番	ドライバー名	マシーン名	出場クラス	クラス順位またはリタイア理由	周回数	予選順位（予選タイム）
1位	30	A.D.アダミッチ／R.ペターソン	アルファ・ロメオ33/3	P	1位	279周	6位（1分09秒22）
2位	1	J.シフェール／G.V.レネップ	ポルシェ917K	S	1位	277周	2位（1分08秒51）
3位	2	D.ベル／R.アトウッド	ポルシェ917K	S	2位	259周	4位（1分08秒97）
4位	63	A.D.キャドネ／L.モッシェンバッハ	フェラーリ512M	S	3位	253周	10位（1分12秒93）
5位	49	R.ジョンソン／J.グリーンウッド	シヴォレー・コーヴェット	GT+2.5	1位	229周	17位（1分21秒76）
6位	59	P.グレッグ／H.ヘイウッド	ポルシェ914/6	GT2.5	1位	228周	19位（1分24秒80）
R	36	N.ギャリ／V.エルフォード	アルファ・ロメオ33/3	P	事故	258周	13位（1分16秒07）
R	33	H.ペスカローロ／R.シュトメレン	アルファ・ロメオ33/3	P	事故	97周	7位（1分09秒80）

1972年

●ブエノスアイレス1000km（1972年1月9日）

順位	車番	ドライバー名	マシーン名	出場クラス	クラス順位またはリタイア理由	周回数	予選順位（予選タイム）
1位	30	R.ペターソン／T.シェンケン	フェラーリ312PB	S3.0	1位	168周	PP（1分58秒59）
2位	32	C.レガッツォーニ／B.レッドマン	フェラーリ312PB	S3.0	2位	168周	4位（1分59秒15）
3位	10	C.ファチェッティ／G.アルベルティ／A.D.アダミッチ	アルファ・ロメオ33/3（023）	S3.0	3位	162周	9位（2分04秒30）
4位	2	V.エルフォード／H.マルコ	アルファ・ロメオ33TT3（002）	S3.0	4位	160周	13位（2分05秒42）
5位	36	J.ハイン／J.ユンカデラ	シェヴロンB19	S2.0	1位	158周	12位（2分04秒75）
6位	40	J.フェルナンデス／J.D.バグラシオン	ポルシェ908/03	S3.0	5位	157周	15位（2分06秒47）
9位	8	N.ヴァッカレラ／C.パイレッツィ	アルファ・ロメオ33/3（021）	S3.0	7位	153周	10位（2分04秒42）
R	6	R.シュトメレン／T.ヘゼマンズ	アルファ・ロメオ33TT3	S3.0	事故	71周	2位（1分58秒90）
R	4	A.D.アダミッチ／N.ギャリ	アルファ・ロメオ33TT3	S3.0	エンジン	60周	6位（1分59秒60）

●デイトナ6時間（1972年2月6日）

順位	車番	ドライバー名	マシーン名	出場クラス	クラス順位またはリタイア理由	周回数	予選順位（予選タイム）
1位	2	M.アンドレッティ／J.イクス	フェラーリ312PB	S3.0	1位	194周	PP（1分44秒22）
3位	1	V.エルフォード／H.マルコ	アルファ・ロメオ33TT3（002）	S3.0	3位	190周	6位（1分48秒06）
4位	4	C.レガッツォーニ／B.レッドマン	フェラーリ312PB	S3.0	4位	179周	2位（1分44秒96）
5位	9	G.ギャリ／A.D.アダミッチ	アルファ・ロメオ33/3（023）	S3.0	5位	175周	8位（1分49秒03）
6位	56	T.ウォー／H.クラインピーター	ローラT212	S2.0	1位	166周	26位（2分07秒93）
R	7	P.レヴソン／R.シュトメレン	アルファ・ロメオ33TT3（003）	S3.0	エンジン	108周	5位（1分46秒77）

●セブリング12時間（1972年3月25日）

順位	車番	ドライバー名	マシーン名	出場クラス	クラス順位またはリタイア理由	周回数	予選順位（予選タイム）
1位	2	M.アンドレッティ／J.イクス	フェラーリ312PB	S3.0	1位	259周	PP（2分31秒44）
2位	3	R.ペターソン／T.シェンケン	フェラーリ312PB	S3.0	2位	257周	4位（2分35秒73）
3位	33	N.ヴァッカレラ／T.ヘゼマンズ	アルファ・ロメオ33TT3	S3.0	3位	233周	9位（2分42秒75）
4位	57	D.ハインツ／R.ジョンソン	シヴォレー・コーヴェット	GT+2.5	1位	221周	15位（2分58秒71）
5位	59	P.グレッグ／H.ヘイウッド	ポルシェ911S	GT2.5	1位	215周	25位（3分05秒74）
6位	12	G.ラルース／J.ボニエ／R.ウィッセル	ローラT280	S3.0	4位	213周	8位（2分41秒78）
R	32	V.エルフォード／H.マルコ	アルファ・ロメオ33TT3（002）	S3.0	エンジン	128周	6位（2分37秒61）
R	31	P.レヴソン／R.シュトメレン	アルファ・ロメオ33TT3	S3.0	クラッチ	117周	3位（2分33秒86）
R	34	A.D.アダミッチ／N.ギャリ	アルファ・ロメオ33TT3	S3.0	パンク	37周	5位（2分35秒92）

●BOAC1000km（1972年4月16日）

順位	車番	ドライバー名	マシーン名	出場クラス	クラス順位またはリタイア理由	周回数	予選順位（予選タイム）
1位	11	J.イクス／M.アンドレッティ	フェラーリ312PB	S3.0	1位	235周	2位（1分26秒8）
2位	10	R.ペターソン／T.シェンケン	フェラーリ312PB	S3.0	2位	234周	3位（1分27秒4）
3位	8	P.レヴソン／R.シュトメレン	アルファ・ロメオ33TT3	S3.0	3位	233周	4位（1分28秒1）
4位	6	V.エルフォード／A.D.アダミッチ	アルファ・ロメオ33TT3	S3.0	4位	231周	8位（1分28秒8）
5位	9	C.レガッツォーニ／B.レッドマン	フェラーリ312PB	S3.0	5位	220周	PP（1分26秒6）
6位	7	G.ギャリ／H.マルコ	アルファ・ロメオ33TT3（002）	S3.0	6位	220周	9位（1分30秒0）

●タルガ・フローリオ（1972年5月21日）

順位	車番	ドライバー名	マシーン名	出場クラス	クラス順位またはリタイア理由	周回数	予選順位（予選タイム）
1位	3	A.メルツァリオ／S.ムナーリ	フェラーリ312PB	S3.0	1位	11周	PP（33分59秒7）
2位	5	N.ギャリ／H.マルコ	アルファ・ロメオ33TT3（002）	S3.0	2位	11周	5位（35分44秒0）
3位	4	A.D.アダミッチ／T.ヘゼマンズ	アルファ・ロメオ33TT3	S3.0	3位	11周	4位（34分44秒5）
4位	8	A.ザドラ／E.パゾリーニ	ローラT290	S2.0	1位	10周	?位（40分45秒6）
5位	38	G.ゴティフレディ／P.ピカ	ポルシェ911S	GT2.0	1位	10周	?位（41分34秒5）
6位	25	G.ステッケーニッヒ／G.プッチ	ポルシェ911S	GT+2.0	1位	9周	15位（40分38秒5）
R	1	N.ヴァッカレラ／R.シュトメレン	アルファ・ロメオ33TT3	S3.0	エンジン	3周	3位（34分34秒5）
R	2	V.エルフォード／G.V.レネップ	アルファ・ロメオ33TT3	S3.0	エンジン	0周	2位（34分06秒2）

順位	車番	ドライバー名	マシーン名	出場クラス	クラス順位または リタイア理由	周回数	予選順位(予選タイム)
●ニュルブルクリング1000km(1972年5月28日)							
1位	3	R.ペターソン／T.シェンケン	フェラーリ312PB	S3.0	1位	44周	PP (7分56秒1)
2位	2	A.メルツァリオ／B.レッドマン	フェラーリ312PB	S3.0	2位	44周	6位 (8分28秒1)
3位	6	H.マルコ／A.D.アダミッチ	アルファ・ロメオ33TT3(002)	S3.0	3位	43周	4位 (8分16秒0)
4位	5	D.ベル／G.V.レネップ	ミラージュM6	S3.0	4位	42周	2位 (8分05秒5)
5位	24	J.ハイン／J.ブリッジス	シェヴロンB21	S2.0	1位	41周	7位 (8分32秒4)
6位	17	G.ラルース／J.ボニエ	ローラT290	S2.0	2位	39周	24位 (9分44秒0)
11位	4	R.シュトメレン／V.エルフォード	アルファ・ロメオ33TT3	S3.0	5位	37周	3位 (8分09秒7)
●ルマン24時間(1972年6月10／11日)							
1位	15	H.ペスカローロ／G.ヒル	マートラ・シムカMS670	S3.0	1位	344周	2位 (3分44秒0)
2位	14	F.セヴェール／H.ギャンレー	マートラ・シムカMS670	S3.0	2位	334周	PP (3分42秒2)
3位	60	R.イエスト／M.ウェーバー／M.カゾーニ	ポルシェ908	S3.0	3位	325周	10位 (4分00秒3)
4位	18	A.D.アダミッチ／R.シュトメレン／N.ヴァッカレラ	アルファ・ロメオ33TT3	S3.0	4位	307周	7位 (3分52秒6)
5位	39	J-C.アンドリュー／C.バロ-レナ	フェラーリ365GTB4	GT	1位	306周	28位 (4分25秒4)
6位	74	S.ポージー／T.アダモウィッツ	フェラーリ365GTB4	GT	2位	304周	22位 (4分23秒1)
R	19	R.シュトメレン／N.ギャリ	アルファ・ロメオ33TT3	S3.0	デフ	263周	4位 (3分47秒0)
R	17	V.エルフォード／H.マルコ	アルファ・ロメオ33TT3(002)	S3.0	クラッチ	232周	6位 (3分50秒2)

1973年

順位	車番	ドライバー名	マシーン名	出場クラス	クラス順位または リタイア理由	周回数	予選順位(予選タイム)
●スパ1000km(1973年5月6日)							
1位	5	D.ベル／M.ヘイルウッド	ミラージュM6	S3.0	1位	71周	5位 (3分17秒6)
2位	6	H.ガンレー／V.シュッパン	ミラージュM6	S3.0	2位	69周	4位 (3分16秒2)
3位	4	H.ペスカローロ／G.ラルース／C.エイモン	マートラ・シムカMS670B	S3.0	3位	68周	2位 (3分13秒8)
4位	2	C.パーチェ／A.メルツァリオ	フェラーリ312PB	S3.0	4位	67周	3位 (3分15秒1)
5位	41	G.V.レネップ／H.ミューラー	ポルシェ・カレラRSR	S3.0	5位	63周	13位 (3分53秒7)
6位	66	C.サントス／C.メンドーサ	ローラT292	S2.0	1位	62周	19位 (4分00秒3)
DNS	7	A.D.アダミッチ／R.シュトメレン	アルファ・ロメオ33TT12	S3.0			6位 (3分17秒7)
●タルガ・フローリオ(1972年5月13日)							
1位	8	H.ミューラー／G.V.レネップ	ポルシェ・カレラRSR	S3.0	1位	11周	5位 (36分52秒1)
2位	4	J.ムナーリ／J-C.アンドリュー	ランチア・ストラトス	S3.0	2位	11周	6位 (37分26秒5)
3位	9	L.キニューネン／C.アルディ	ポルシェ・カレラRSR	S3.0	3位	11周	15位 (40分44秒6)
4位	14	L.モレスキ／F.D.マッテオ	シェヴロンB21	S2.0	1位	11周	11位 (39分59秒1)
5位	25	S.モーザー／A.ニコデミ	ローラT290	S2.0	2位	11周	74位 (46分11秒5)
6位	107	G.ステッケーニッヒ／G.プッチ	ポルシェ・カレラRSR	S3.0	4位	11周	8位 (38分40秒5)
R	6	R.シュトメレン／A.D.アダミッチ	アルファ・ロメオ33TT12	S3.0	事故	3周	2位 (33分41秒7)
●ニュルブルクリング1000km(1973年5月27日)							
1位	1	J.イクス／B.レッドマン	フェラーリ312PB	S3.0	1位	44周	2位 (7分15秒5)
2位	2	C.パーチェ／A.メルツァリオ	フェラーリ312PB	S3.0	2位	44周	5位 (7分21秒7)
3位	19	J.バートン／J.ブリッジス	シェヴロンB23	S2.0	1位	40周	8位 (7分56秒1)
4位	3	C.アルディ／B.シェネヴィエール	ポルシェ908/03	S3.0	3位	40周	21位 (8分31秒2)
5位	6	G.V.レネップ／H.ミューラー	ポルシェ・カレラRSR	S3.0	4位	40周	15位 (8分20秒6)
6位	76	J.フィッツパトリック／G.ビレル	フォード・カプリRS	T3.0	1位	39周	18位 (8分28秒2)
R	8	R.シュトメレン／A.D.アダミッチ	アルファ・ロメオ33TT12	S3.0	クラッチ	12周	3位 (7分19秒5)
R	9	C.レガッツォーニ／C.ファチェッティ	アルファ・ロメオ33TT12	S3.0	エンジン	2周	6位 (7分26秒9)
●オーストリア1000km(1973年6月24日)							
1位	11	H.ペスカローロ／G.ラルース	マートラ・シムカMS670B	S3.0	1位	170周	2位 (1分38秒94)
2位	10	J-P.ベルトワーズ／F.セヴェール	マートラ・シムカMS670B	S3.0	2位	170周	PP (1分37秒64)
3位	1	J.イクス／B.レッドマン	フェラーリ312PB	S3.0	3位	169周	3位 (1分39秒64)
4位	6	L.キニューネン／J.ワトソン	ミラージュM6	S3.0	4位	167周	4位 (1分39秒67)
5位	5	D.ベル／H.ガンレイ	ミラージュM6	S3.0	5位	166周	6位 (1分40秒54)
6位	2	C.パーチェ／A.メルツァリオ	フェラーリ312PB	S3.0	6位	164周	5位 (1分39秒98)
DNC	4	R.シュトメレン／C.レガッツォーニ	アルファ・ロメオ33TT12(001)	S3.0		78周	18位 (タイム無し)

1974年

順位	車番	ドライバー名	マシーン名	出場クラス	クラス順位または リタイア理由	周回数	予選順位(予選タイム)
●モンツァ1000km(1974年4月25日)							
1位	3	A.メルツァリオ／M.アンドレッティ	アルファ・ロメオ33TT12(008)	S3.0	1位	174周	PP (1分28秒28)
2位	4	J.イクス／R.シュトメレン	アルファ・ロメオ33TT12(007)	S3.0	2位	170周	5位 (1分30秒84)
3位	2	A.D.アダミッチ／C.ファチェッティ	アルファ・ロメオ33TT12(009)	S3.0	3位	166周	3位 (1分29秒70)
4位	7	D.ベル／M.ヘイルウッド	ガルフ・ミラージュGR7	S3.0	4位	166周	6位 (1分31秒16)
5位	8	G.V.レネップ／H.ミューラー	ポルシェ・カレラ・ターボRSR	S3.0	5位	165周	12位 (1分40秒42)
6位	9	P.ピカ／G.ピアンタ	ローラT282	S3.0	6位	161周	7位 (1分33秒27)
●ニュルブルクリング1000km(1974年5月19日)							
1位	1	J-P.ベルトワーズ／J-P.ジャリエ	マートラ・シムカMS670C	S3.0	1位	33周	2位 (7分12秒6)
2位	3	R.シュトメレン／C.ロイテマン	アルファ・ロメオ33TT12(007)	S3.0	2位	32周	4位 (7分19秒8)
3位	4	A.D.アダミッチ／C.ファチェッティ	アルファ・ロメオ33TT12(009)	S3.0	3位	32周	7位 (7分31秒6)
4位	7	J.ハント／V.シュッパン	ガルフ・ミラージュGR7	S3.0	4位	32周	6位 (7分30秒1)
5位	2	H.ペスカローロ／G.ラルース	マートラ・シムカMS670C	S3.0	5位	31周	PP (7分10秒8)
6位	8	G.V.レネップ／H.ミューラー	ポルシェ・カレラ・ターボRSR	S3.0	6位	30周	12位 (7分56秒5)
9位	5	A.メルツァリオ／B.レッドマン	アルファ・ロメオ33TT12(008)	S3.0	8位	29周	3位 (7分18秒8)
●イモラ1000km(1974年6月2日)							
1位	2	H.ペスカローロ／G.ラルース	マートラ・シムカMS670C	S3.0	1位	198周	2位 (1分40秒91)
2位	3	R.シュトメレン／C.ロイテマン	アルファ・ロメオ33TT12(007)	S3.0	2位	196周	4位 (1分41秒54)
3位	5	A.D.アダミッチ／C.ファチェッティ	アルファ・ロメオ33TT12(009)	S3.0	3位	189周	5位 (1分44秒19)
4位	1	J-P.ベルトワーズ／J-P.ジャリエ	マートラ・シムカMS670C	S3.0	4位	184周	PP (1分40秒17)
5位	152	H.ヘイヤー／P.ケラー	ポルシェ・カレラRSR	GT	1位	177周	25位 (1分57秒25)
6位	144	G.ショーン／G.ボッリ	ポルシェ・カレラRSR	GT	2位	173周	29位 (1分58秒21)

順位	車番	ドライバー名	マシーン名	出場クラス	クラス順位またはリタイア理由	周回数	予選順位（予選タイム）
R	3	A.メルツァリオ／J.イクス	アルファ・ロメオ33TT12(008)	S3.0	事故	12周	3位（1分41秒31）

●オーストリア1000km（1974年6月30日）

順位	車番	ドライバー名	マシーン名	出場クラス	クラス順位またはリタイア理由	周回数	予選順位（予選タイム）
1位	5	H.ペスカローロ／G.ラルース	マートラ・シムカMS670C	S3.0	1位	170周	PP（1分35秒97）
2位	3	A.D.アダミッチ／C.ファチェッティ	アルファ・ロメオ33TT12(009)	S3.0	2位	167周	5位（1分38秒84）
3位	6	J-P.ベルトワーズ／J-P.ジャリエ	マートラ・シムカMS670C	S3.0	3位	166周	2位（1分36秒44）
4位	4	D.ベル／M.ヘイルウッド	ガルフ・ミラージュGR7	S3.0	4位	166周	6位（1分38秒85）
5位	1	J.イクス／A.メルツァリオ／V.ブランビッラ	アルファ・ロメオ33TT12(008)	S3.0	5位	152周	4位（1分37秒49）
6位	7	G.V.レネップ／H.ミューラー	ポルシェ・カレラ・ターボRSR	S3.0	6位	151周	7位（1分46秒37）
R	2	R.シュトメレン／C.ロイテマン	アルファ・ロメオ33TT12(007)	S3.0	火災	104周	3位（1分36秒66）

●ワトキンズ・グレン6時間（1974年7月13日）

順位	車番	ドライバー名	マシーン名	出場クラス	クラス順位またはリタイア理由	周回数	予選順位（予選タイム）
1位	1	J-P.ベルトワーズ／J-P.ジャリエ	マートラ・シムカMS670C	S3.0	1位	193周	2位（1分43秒893）
2位	9	G.V.レネップ／H.ヘイウッド	ポルシェ・カレラ・ターボRSR	S3.0	2位	184周	4位（1分53秒760）
3位	59	P.グレッグ／H.ヘイウッド	ポルシェ・カレラRSR			176周	6位（1分56秒479）
4位	74	L.ヘイムラス／J.クック	ポルシェ・カレラRSR			172周	15位（2分02秒920）
5位	88	T.デロレンツォ／M.カーター	シヴォレー・カマロ			168周	21位（2分05秒669）
6位	65	J.ビエンヴェニュー／M.ダンコース	ポルシェ・カレラRSR			164周	18位（2分04秒193）
R	60	A.メルツァリオ／M.アンドレッティ	アルファ・ロメオ33TT12(008)	S3.0	失格	171周	3位（1分44秒148）

1975年

●ムジェロ1000km（1975年3月23日）

順位	車番	ドライバー名	マシーン名	出場クラス	クラス順位またはリタイア理由	周回数	予選順位（予選タイム）
1位	5	J-P.ジャブイーユ／G.ラルース	アルピーヌ・ルノーA442	S3.0	1位	150周	2位（1分48秒89）
2位	1	A.メルツァリオ／J.イクス	アルファ・ロメオ33TT12(008)	S3.0	2位	149周	PP（1分48秒83）
3位	6	G.V.レネップ／H.ミューラー	ポルシェ908/03	S3.0	3位	149周	3位（1分50秒84）
4位	2	D.ベル／H.ペスカローロ	アルファ・ロメオ33TT12(010)	S3.0	4位	148周	7位（1分53秒60）
5位	24	J.ハイネ／I.グローブ	シェブロンB31	S2.0	1位	144周	8位（1分53秒67）
6位	8	L.ロンバルディ／M-C.ボーモン	アルピーヌ・ルノーA441	S2.0	2位	144周	10位（1分55秒94）

●ディジョン800km（1975年4月6日）

順位	車番	ドライバー名	マシーン名	出場クラス	クラス順位またはリタイア理由	周回数	予選順位（予選タイム）
1位	2	A.メルツァリオ／J.ラフィット	アルファ・ロメオ33TT12(008)	S3.0	1位	245周	3位（1分00秒9）
2位	10	R.イエスト／M.カゾーニ	ポルシェ908/03	S3.0	2位	238周	5位（1分03秒9）
3位	18	J.ハイネ／I.グローブ	シェブロンB31	S2.0	1位	234周	6位（1分04秒2）
4位	1	D.ベル／H.ペスカローロ	アルファ・ロメオ33TT12(010)	S3.0	3位	225周	2位（1分00秒9）
5位	33	J.フィッツパトリック／T.ヘゼマンズ	ポルシェ・カレラRSR	GT	1位	220周	16位（1分10秒9）
6位	4	F.ミゴール／J-P.ジャリエ	リジエJS2	S3.0	4位	219周	8位（1分04秒7）

●モンザ1000km（1975年4月20日）

順位	車番	ドライバー名	マシーン名	出場クラス	クラス順位またはリタイア理由	周回数	予選順位（予選タイム）
1位	2	A.メルツァリオ／J.ラフィット	アルファ・ロメオ33TT12(008)	S3.0	1位	174周	2位（1分29秒62）
2位	5	R.イエスト／M.カゾーニ	ポルシェ908/03	S3.0	2位	171周	8位（1分34秒23）
3位	4	J-P.ジャブイーユ／G.ラルース	アルピーヌ・ルノーA442	S3.0	3位	170周	4位（1分30秒34）
4位	15	L.ロンバルディ／M-C.ボーモン	アルピーヌ・ルノーA441	S2.0	1位	166周	12位（1分37秒73）
5位	6	J.バルト／E.クラウス	ポルシェ908/03	S3.0	4位	162周	21位（1分40秒89）
6位	77	T.ヘゼマンズ／M.シュルティ／J.フィッツパトリック	ポルシェ・カレラRSR	S3.0	5位	159周	33位（1分45秒75）
R	1	D.ベル／H.ペスカローロ	アルファ・ロメオ33TT12(010)	S3.0	ダンパー	130周	3位（1分30秒25）

●スパ・フランコルシャン750km（1975年5月4日）

順位	車番	ドライバー名	マシーン名	出場クラス	クラス順位またはリタイア理由	周回数	予選順位（予選タイム）
1位	2	D.ベル／H.ペスカローロ	アルファ・ロメオ33TT12(010)	S3.0	1位	54周	PP（3分20秒4）
2位	1	A.メルツァリオ／J.イクス	アルファ・ロメオ33TT12(008)	S3.0	2位	53周	2位（3分24秒2）
3位	60	A.ベルティエ／S.ミューラー	BMW3.0CSL	T	1位	49周	15位（3分56秒7）
4位	42	C.アルディ／B.ベグィン	ポルシェ・カレラRSR	GT	1位	48周	24位（4分03秒6）
5位	43	J-C.アンドリュー／C.バロ-レナ	ポルシェ・カレラRSR	GT	2位	48周	27位（4分05秒5）
6位	41	C.シュケンタンツ／H.ベルトラム／R.ウィッセル	ポルシェ・カレラRSR	GT	3位	48周	21位（4分01秒8）

●エンナ1000km（1975年5月18日）

順位	車番	ドライバー名	マシーン名	出場クラス	クラス順位またはリタイア理由	周回数	予選順位（予選タイム）
1位	1	A.メルツァリオ／J.マス	アルファ・ロメオ33TT12(008)	S3.0	1位	207周	PP（1分21秒67）
2位	2	D.ベル／H.ペスカローロ	アルファ・ロメオ33TT12(010)	S3.0	2位	206周	2位（1分22秒55）
3位	4	R.イエスト／M.カゾーニ	ポルシェ908/03	S3.0	3位	184周	3位（1分23秒88）
4位	48	H.ベルトラム／R.ウィッセル／C.シュケンタンツ	ポルシェ・カレラRSR	GT	1位	182周	12位（1分36秒04）
5位	47	C.シュケンタンツ／H.ベルトラム／R.ウィッセル	ポルシェ・カレラRSR	GT	2位	178周	9位（1分34秒84）
6位	27	G.ガリアルディ／"ブレーメン"	シェブロンB31	S1.6	1位	175周	10位（1分35秒11）

●ニュルブルクリング1000km（1975年6月1日）

順位	車番	ドライバー名	マシーン名	出場クラス	クラス順位またはリタイア理由	周回数	予選順位（予選タイム）
1位	1	A.メルツァリオ／J.ラフィット	アルファ・ロメオ33TT12(008)	S3.0	1位	44周	4位（7分35秒5）
2位	4	H.ガンレー／T.シェンケン	ガルフ・ミラージュGR7	S3.0	2位	44周	8位（7分46秒1）
3位	7	H.ミューラー／L.キニューネン	ポルシェ908/03	S3.0	3位	43周	7位（7分44秒7）
4位	6	J-P.ジャブイーユ／G.ラルース	アルピーヌ・ルノーA442	S3.0	4位	43周	PP（7分12秒1）
5位	10	J.バルト／E.クラウス	ポルシェ908/03	S3.0	5位	42周	15位（8分06秒6）
6位	3	J.マス／J.シェクター	アルファ・ロメオ33TT12(009)	S3.0	6位	42周	3位（7分27秒1）
R	2	D.ベル／H.ペスカローロ	アルファ・ロメオ33TT12		事故	0周	2位（7分26秒0）

●オーストリア1000km（1975年6月29日）

順位	車番	ドライバー名	マシーン名	出場クラス	クラス順位またはリタイア理由	周回数	予選順位（予選タイム）
1位	2	D.ベル／H.ペスカローロ	アルファ・ロメオ33TT12(010)	S3.0	1位	103周	6位（1分40秒25）
2位	1	A.メルツァリオ／V.ブランビッラ	アルファ・ロメオ33TT12(008)	S3.0	2位	103周	2位（1分38秒84）
3位	5	R.イエスト／M.カゾーニ	ポルシェ908/03	S3.0	3位	102周	4位（1分39秒84）
4位	6	J.バルト／E.クラウス	ポルシェ908/03	S3.0	4位	92周	8位（1分46秒27）
5位	29	D.モーガン／J.レップ	マーチ75S	S2.0	1位	90周	12位（1分47秒11）
6位	40	M.モール／M.フィノット	ローラT294	S2.0	2位	87周	11位（1分47秒19）

●ワトキンズ・グレン6時間（1975年7月12日）

順位	車番	ドライバー名	マシーン名	出場クラス	クラス順位またはリタイア理由	周回数	予選順位（予選タイム）
1位	4	D.ベル／H.ペスカローロ	アルファ・ロメオ33TT12(010)	S3.0	1位	152周	3位（1分46秒450）
2位	3	A.メルツァリオ／M.アンドレッティ	アルファ・ロメオ33TT12(008)	S3.0	2位	152周	4位（1分46秒623）
3位	5	J-P.ジャブイーユ／G.ラルース	アルピーヌ・ルノーA442	S3.0	3位	149周	2位（1分43秒462）

順位	車番	ドライバー名	マシーン名	出場クラス	クラス順位または リタイア理由	周回数	予選順位(予選タイム)
4位	8	R.イエスト／M.カゾーニ	ポルシェ908/03	S3.0	4位	149周	5位 (1分48秒222)
5位	95	B.ハグスタッド／H.ヘイウッド	ポルシェ・カレラRSR	GT	1位	143周	10位 (1分57秒311)
6位	24	S.ポージー／B.レッドマン	BMW3.0CSL	T	1位	142周	9位 (1分56秒980)

1976年

●イモラ500km(1976年5月23日)

順位	車番	ドライバー名	マシーン名	出場クラス	クラス順位またはリタイア理由	周回数	予選順位(予選タイム)
1位	7	J.イクス／J.マス	ポルシェ936	S3.0	1位	100周	3位 (1分43秒03)
2位	1	A.メルツァリオ／V.ブランビッラ	アルファ・ロメオ33SC12	S3.0	2位	96周	4位 (1分44秒19)
3位	5	J.バルト／R.イエスト／H.ゲーデル	ポルシェ908/03	S3.0	3位	94周	5位 (1分46秒84)
4位	30	R.フィラニーノ／E.ペティッティ	オゼラPA4	S2.0	1位	93周	14位 (1分52秒02)
5位	23	"アンフィカー"／A.フロリディア	オゼラPA4	S2.0	2位	92周	17位 (1分55秒13)
6位	38	I.ブレーシー／T.ビルチェノフ	ローラT290	S2.0	3位	91周	20位 (1分56秒56)

●エンナ4時間(1976年6月27日)

順位	車番	ドライバー名	マシーン名	出場クラス	クラス順位またはリタイア理由	周回数	予選順位(予選タイム)
1位	4	J.イクス／J.マス	ポルシェ936	S3.0	1位	102周	4位 (1分36秒24)
2位	35	R.フィラニーノ／E.ペティッティ	オゼラPA4	S2.0	1位	92周	9位 (1分45秒55)
3位	32	"ジマックス"／S.ステルツェル	マーチ75S	S2.0	2位	92周	8位 (1分45秒21)
4位	31	P.バルベリオ／C.ビロッティ	オゼラPA4	S2.0	3位	90周	12位 (1分47秒83)
5位	7	J.バルト／H.ゲーデル	ポルシェ908/03	S3.0	2位	90周	11位 (1分47秒15)
6位	28	"アンフィカー"／A.フロリディア	オゼラPA4	S2.0	4位	88周	13位 (1分48秒07)
R	1	A.メルツァリオ／M.カゾーニ	アルファ・ロメオ33SC12	S3.0	サスペンション	48周	3位 (1分36秒02)

●ザルツブルグリング200マイル(1976年9月19日)

順位	車番	ドライバー名	マシーン名	出場クラス	クラス順位またはリタイア理由	周回数	予選順位(予選タイム)
1位	3	J.マス	ポルシェ936	S3.0	1位	70周	2位 (1分24秒85)
2位	6	R.イエスト	ポルシェ908/03	S3.0	2位	68周	3位 (1分29秒85)
3位	?	D.クエスター	オゼラPA4	S2.0	1位	65周	7位 (1分35秒35)
4位	?	J.バルト	ポルシェ908/03	S3.0	3位	65周	5位 (1分33秒94)
5位	15	E.ストラール	ザウバーC5	S2.0	2位	65周	8位 (1分35秒61)
6位	17	G.ピアンタ	アバルト・オゼラSE027	S2.0	3位	63周	9位 (1分36秒13)
R	1	V.ブランビッラ	アルファ・ロメオ33SC12	S3.0	オイルポンプ	16周	PP (1分22秒89)

1977年

●ディジョン500km(1977年4月17日)

順位	車番	ドライバー名	マシーン名	出場クラス	クラス順位またはリタイア理由	周回数	予選順位(予選タイム)
1位	1	A.メルツァリオ／J-P.ジャリエ	アルファ・ロメオ33SC12(015)	S3.0	1位	132周	2位 (1分16秒28)
2位	29	"アンフィカー"／G.ヴィルジリオ	オゼラPA5	S2.0	1位	125周	11位 (1分22秒09)
3位	24	A.D.キャドネ／E.ベルグ	ローラT290/4	S2.0	2位	123周	13位 (1分22秒67)
4位	23	P.ボルミダ／E.ペンティッティ	オゼラPA5	S2.0	3位	122周	18位 (1分24秒95)
5位	21	M.ピグナール／J-L.ボス／F.スタルダー	シェブロンB36	S2.0	4位	119周	8位 (1分21秒44)
6位	34	S.プラスティナ／M.ルイーニ／J-P.ポション	チータG601	S2.0	5位	116周	14位 (1分22秒84)
R	2	V.ブランビッラ／J.ワトソン	アルファ・ロメオ33SC12(014)	S3.0	エンジン	87周	PP (1分16秒21)

●モンザ500km(1977年4月24日)

順位	車番	ドライバー名	マシーン名	出場クラス	クラス順位またはリタイア理由	周回数	予選順位(予選タイム)
1位	2	V.ブランビッラ	アルファ・ロメオ33SC12(014)	S3.0	1位	85周	PP (1分42秒53)
2位	37	G.フランシア	オゼラPA5	S2.0	1位	84周	4位 (1分48秒78)
3位	42	"ジャンフランコ"／D.テジーニ	オゼラPA5	S2.0	2位	81周	6位 (1分49秒44)
4位	19	P.ホフマン	マクラーレンM8F	S5.0	1位	81周	10位 (1分52秒96)
5位	28	L.コルツァーニ／G.クルティ	オゼラPA4	S2.0	3位	80周	19位 (1分55秒21)
6位	39	"パル・ジョー"／G.ショーン	オゼラPA5	S3.0	4位	79周	22位 (1分57秒61)
R	3	A.メルツァリオ	アルファ・ロメオ33SC12(015)	S3.0	事故	65周	2位 (1分42秒89)

●ヴァレルンガ400km(1977年5月29日)

順位	車番	ドライバー名	マシーン名	出場クラス	クラス順位またはリタイア理由	周回数	予選順位(予選タイム)
1位	2	V.ブランビッラ	アルファ・ロメオ33SC12	S3.0	1位	125周	PP (1分10秒8)
2位	1	A.メルツァリオ	アルファ・ロメオ33SC12	S3.0	2位	124周	2位 (1分12秒7)
3位	22	G.フランシア	オゼラPA5	S2.0	1位	123周	3位 (1分13秒0)
4位	33	G.フランシスキ	シェブロンB31	S1.6	1位	120周	7位 (1分14秒4)
5位	18	"アンフィカー"／L.モレスキ	オゼラPA5	S2.0	2位	119周	11位 (1分16秒4)
6位	14	"ジャンフランコ"／D.テジーニ	オゼラPA5	S2.0	3位	118周	6位 (1分14秒7)

●エンナ500km(1977年6月19日)

順位	車番	ドライバー名	マシーン名	出場クラス	クラス順位またはリタイア理由	周回数	予選順位(予選タイム)
1位	1	A.メルツァリオ	アルファ・ロメオ33SC12	S3.0	1位	100周	PP (1分35秒7)
2位	16	E.ストラール／P.ベルンハルト	ザウバーC5	S2.0	1位	97周	7位 (1分43秒8)
3位	41	G.チェラオーロ／P.アナスタシオ	オゼラPA5	S1.3	1位	94周	13位 (1分48秒5)
4位	31	F.シリブランディ／カストロール	シェブロンB36	S1.6	1位	89周	18位 (1分55秒4)
5位	6	C.マンフレディーニ／M.カゾーニ	ローラT380	S3.0	2位	88周	9位 (1分44秒1)
6位	32	A.ゼノーネ／D.バルトリ	オゼラPA4	S1.6	2位	87周	14位 (1分50秒9)
R	2	S.ディーニ／G.フランシア	アルファ・ロメオ33SC12	S3.0	失格	1周	2位 (1分36秒9)

●エストリル2.5時間(1977年7月10日)

順位	車番	ドライバー名	マシーン名	出場クラス	クラス順位またはリタイア理由	周回数	予選順位(予選タイム)
1位	1	A.メルツァリオ	アルファ・ロメオ33SC12	S3.0	1位	89周	PP (1分38秒43)
2位	2	V.ブランビッラ	アルファ・ロメオ33SC12	S3.0	2位	89周	2位 (1分38秒77)
3位	3	S.ディーニ／G.フランシア	アルファ・ロメオ33SC12	S3.0	3位	86周	3位 (1分38秒83)
4位	8	C.クラフト	ローラT296	S2.0	1位	84周	4位 (1分43秒95)
5位	7	E.ストラール／P.ベルンハルト	ザウバーC5	S2.0	2位	82周	5位 (1分44秒67)
6位	5	I.ブレーシー／T.ビルチェノフ	ローラT290/4	S2.0	3位	72周	8位 (2分07秒85)

●ポールリカール500km(1977年7月24日)

順位	車番	ドライバー名	マシーン名	出場クラス	クラス順位またはリタイア理由	周回数	予選順位(予選タイム)
1位	1	A.メルツァリオ／J-P.ジャリエ	アルファ・ロメオ33SC12	S3.0	1位	150周	2位 (1分15秒02)
2位	3	J.オバーモーザー／P-F.ルースロー	TOJ・SC302	S3.0	2位	148周	3位 (1分16秒74)
3位	28	J-P.ジョッソー／J.アンリ	シェブロンB31	S2.0	1位	145周	8位 (1分19秒57)
4位	11	T.チャーネル／R.スミス	シェブロンB31	S2.0	2位	144周	15位 (1分21秒54)
5位	37	E.ストラール／P.ベルンハルト	ザウバーC5	S2.0	3位	142周	10位 (1分20秒39)
6位	23	G.モランド／F.アリオ／C.ブラン	ローラT296	S2.0	4位	141周	9位 (1分20秒01)

順位	車番	ドライバー名	マシーン名	出場クラス	クラス順位または リタイア理由	周回数	予選順位（予選タイム）
R	2	V.ブランビッラ	アルファ・ロメオ33SC12	S3.0	エンジン	119周	PP（1分15秒50）

● イモラ250km（1977年9月4日）

順位	車番	ドライバー名	マシーン名	出場クラス	クラス順位または リタイア理由	周回数	予選順位（予選タイム）
1位	2	V.ブランビッラ	アルファ・ロメオ33SC12	S3.0	1位	50周	PP（1分41秒73）
2位	35	G.フランシア	オゼッラPA5	S2.0	1位	49周	4位（1分46秒54）
3位	27	L.ロンバルディ／G.アンツェローニ	オゼッラPA5	S2.0	2位	47周	7位（1分49秒37）
4位	61	F.セルリ・イレリ	AMS277	S1.6	1位	47周	11位（1分50秒44）
5位	34	R.ゾルジ／G.ピアッツィ	シェヴロンB36	S2.0	3位	47周	8位（1分49秒40）
6位	44	D.ギスロッティ／R.カマシアス	ローラT296	S2.0	4位	46周	6位（1分48秒53）
R	1	A.メルツァリオ	アルファ・ロメオ33SC12	S3.0	事故	12周	2位（1分43秒35）

● ザルツブルグリング300km（1977年9月18日）

順位	車番	ドライバー名	マシーン名	出場クラス	クラス順位または リタイア理由	周回数	予選順位（予選タイム）
1位	2	V.ブランビッラ	アルファ・ロメオ33SC12	S3.0	1位	70周	PP（1分12秒65）
2位	1	A.メルツァリオ	アルファ・ロメオ33SC12 ターボ(016)	S3.0	2位	69周	2位（1分12秒90）
3位	3	S.ディーニ／G.フランシア	アルファ・ロメオ33SC12	S3.0	3位	68周	3位（1分14秒14）
4位	4	G.エドワーズ／R.マロック	ローラT296	S2.0	1位	65周	4位（1分18秒15）
5位	5	H.ミューラー	マーチ75S	S2.0	2位	64周	7位（1分19秒14）
6位	17	D.ギスロッティ／R.カマシアス	ローラT296	S2.0	3位	62周	6位（1分19秒00）

アルファ・ロメオ　ティーポ33　主要諸元

年度	1967年／1968年	1969年〜1971年	1972年	1973年〜1975年	1976年／1977年
型式名	33／33/2	33/3	33TT3	33TT12	33SC12 （カッコ内はターボ仕様）
エンジン形式	水冷90度V型8気筒	←	←	水冷水平対向12気筒	←
動弁方式	チェーン駆動DOHC2バルブ	ギア駆動DOHC4バルブ	←	←	←
ボア・ストローク	78.0×52.2mm	86.0×64.4mm	←	77.0×53.6mm	←(77.0×38.2mm)
総排気量	1995cc	2998cc	←	2995cc	←(2134cc)
圧縮比	11.0:1				←(?)
最高出力	270bhp/9600rpm (68年)	400bhp/9000rpm (69年)	440bhp/9800rpm	500bhp/11000rpm (75年)	520bhp/12000rpm (640bhp/11000rpm)
燃料供給方式	ルーカス機械式燃料噴射	←	←	←	←
潤滑方式	ドライサンプ	←	←	←	←
ギアボックス	自製6段+リバース	自製5段+リバース	←	←	←
クラッチ	乾式単板	乾式複板			
フレーム	H型アルミ合金チューブ	アルミ合金モノコック	鋼管スペースフレーム	←	アルミ合金モノコック
ボディ	FRP	←	←	←	←
サスペンション（前）	ダブルウィッシュボーン コイルスプリング／ダンパー アンチロールバー	←	←	←	←
サスペンション（後）	上:Iアーム、下:逆Aアーム ツインラジアスアーム コイルスプリング／ダンパー			上:Iアーム、 下:パラレルアーム ツインラジアスアーム コイルスプリング／ダンパー	
ステアリング	ラック&ピニオン	←	←	←	←
ブレーキ	4輪ベンチレーテッドディスク	←	←	←	←
ホイール	マグネシウム合金	←	←	←	←
ホイール径	13インチ	←	←	←	←
タイヤサイズ(前)	4.75×13	←	←	9/20×13	9.50/20×13
タイヤサイズ(後)	6.00×13	←	←	14/24×13	13.10/26×15
全長	3960mm	3700mm	←	3800mm	
全幅	1760mm	1900mm	←	2050mm	2000mm
全高	990mm	980mm		960mm	
ホイールベース	2250mm	2240mm	←	2340mm	2500mm
トレッド（前／後）	1340/1450mm	1500/1380mm	←	1430/1430mm	1490/1470mm
車重（乾燥）	580kg (67年)	700kg (69年)	660kg	670kg	720kg (770kg)

あとがき

　このアルファ・ロメオ篇の刊行によって、1960年代後半から70年代前半にかけての『スポーツカーレースの黄金時代』と呼ばれた時期のスポーツ・プロトタイプについては、主だったところをほぼカバーし終えたことになり（トヨタ7などがまだ残っているじゃないかという方もおられるだろうが）、取りあえず一区切りがついたという感がある。

　振り返ってみれば、すべてはCGの1986年4月号に第1回のフェラーリ330P3篇が掲載された時から始まった。最初の号で、当時副編集長であった高島鎮雄氏から身に余る著者紹介をしていただいたことは今でも忘れ難い記憶であり、厚く感謝している。

　間もなく連載の担当者となったのが、現在単行本でコンビを組んでいる尾沢英彦氏であった。尾沢氏はその後単行本部門に異動となったが、本シリーズの単行本化で久しぶりにコンビが復活したという訳である（腐れ縁という気がしないでもないが）。氏も60年代のレーシング・スポーツカーについては一家言の持ち主であり、本シリーズの制作過程でしばしば意見の衝突もあったが、お互い少しでも良い本を作ろうという思いからのことで、今となっては良い思い出である。

　筆者個人としては、年に1冊程度のペースで進めるつもりでいたのだが、最初のポルシェ篇が幸い好評だったこともあり、予定より早いペースで刊行が進み、結局4年3ヵ月の間に7冊を出すことができた。この間、私自身の病気で半年ほどブランクがあったので、実質的には6〜7ヵ月で1冊といったところだろうか。遅筆の私にとっては異常ともいえるハイペースだったが、現在の状況を考えると、次から次に続けて出したことは結果的に大正解であったと思う。嫌がる筆者の尻を叩いてくれた尾沢氏には、いくら感謝しても感謝し切れない。また、伊東和彦氏と崎山知佳子氏、そして尾沢氏が異動された後、CG本誌における連載を担当してくれた岩尾信哉氏のお三方にもいろいろとお世話になった。この場を借りて厚く感謝したい。

　今後の計画については、現時点では何も決まっていないというのが正直なところである。私案として考えているものを挙げてみると、スポーツカー・プロファイルでは、グループCやCan-Amマシーン、そして日本車としてトヨタ7と

いう大物が残っている。あと、以前に出したインディー500やルマン24時間の通史の増補改訂版、あるいはスポーツカー・プロファイルと同じ体裁でF1のコンストラクターのシリーズなどもやってみたいと思っている。ただ、CG本誌でご承知のことと思うが、現在二玄社の状況がいささか混沌としているので（マートラ／アルピーヌ篇から3ヵ月という短い間隔で刊行されたのもこういった事情からである）、さてどうなりますことやら。尾沢氏との迷（？）コンビで今後も本を出し続けて行ければいうことはないのだが。

　どのような形になるかまだはっきりしていないが、いずれスタートするであろうスポーツカー・プロファイルの第二期に期待していただければと思う。いずれにしても、ここまで続けてこられたのは一重に読者諸氏の支援があったからと感じている。改めて御礼を申し上げて、最後の締めくくりとしたい。
ありがとうございました。

2010年　檜垣和夫

檜垣和夫
ひがき・かずお

1951年石川県生まれ。1975年北海道大学工学部機械工学科卒。2輪メーカーに10年間勤めた後1985年に独立、現在は自動車関係の著述活動に携わっている。得意とする分野はモータースポーツの歴史及び技術関係。著書として『インディー500』、『ルマン──偉大なる耐久レースの全記録』（以上二玄社）、『F1最新マシンの科学』（講談社、第26回交通図書賞受賞）、『エンジンのABC』（講談社ブルーバックス）など、また訳書として『DFV──奇跡のレーシングエンジン』、『フェラーリ1947-1997（共訳）』、『勝利のエンジン50選（共訳）』（以上二玄社）などがある。

[参考文献]

書名／著者／出版社／出版年度
Tipo 33 ／ Peter Collins & Ed McDonough ／ Veloce Publishing ／ 2005年
AUTODELTA ／ Gianni Chizzola ／ Campanotto Editore ／ 2004年
Chiti Grand Prix ／ Piero Casucci ／ Automobilia ／ 1987年
Carlo Chiti : The Roaring Sinfonia ／ Oscar Orefici ／ Edizioni di Autocritica ／ 1991年
Alfa Romeo A History (Revised Edition) ／ Peter Hull & Roy Slater ／ Transport Bookman Publications ／ 1982年
Alfa Romeo The Legend Revived ／ David G. Styles ／ Dalton Watson ／ 1989年
The Alfa Romeo Tradition ／ Griffith Borgeson ／ Haynes Publishing ／ 1990年
Alfa : immagini e percorsi ／ Angelo Tito Anselmi ／ Electa Editrice ／ 1985年
Alfa Romeo Zagato SZ TZ ／ Marcello Minerbi ／ La Mille Miglia Editrice ／ 1985年
Speed Merchants ／ Michael Keyser ／ Bentley Publishers ／ 1998年
Endurance 50 ans d'histoire Volume 2 ／ Alain Bienvenu ／ E.T.A.I. ／ 2004年
Sports Car Racing In Camera 1960-69 ／ Paul Parker ／ Haynes Publishing ／ 2007年
Sports Car Racing In Camera 1970-79 ／ Paul Parker ／ Haynes Publishing ／ 2008年
Winged Sports Cars & Enduring Innovation ／ Janos Wimpffen ／ David Bull Publishing ／ 2006年
Spyder & Silhouettes ／ Janos Wimpffen ／ David Bull Publishing ／ 2007年
Sports Racing Cars ／ Anthony Pritchard ／ Haynes Publishing ／ 2005年
Prototype 1968-70 ／ Mike Twite ／ Pelham Books Ltd ／ 1969年
世界の自動車「アルファロメオ」／高島鎮雄(編著)／二玄社／1971年
Autocourse
Automobile Year

個々のレース等に関するものはスペースの関係から割愛した。また、Autosport、Motorsport、Road & Track、Motor、Autocar、Style Auto、カーグラフィック、オートスポーツなどの雑誌も合わせて参考にさせて頂いた。

SPORTSCAR PROFILE SERIES ⑦
アルファ・ロメオ 33／33/2／33/3／33TT3／33TT12／33SC12

2010年6月10日　初版発行
著　者　　檜垣和夫
発行者　　黒須雪子
発行所　　株式会社 二玄社
　　　　　東京都文京区本駒込6-2-1 〒113-0021
　　　　　電話(03)5395-0511
ブックデザイン　及川真咲デザイン事務所
印刷所　　図書印刷株式会社
ISBN978-4-544-40048-9

©Kazuo Higaki 2010
Printed in Japan

[JCOPY] (社)出版者著作権管理機構　委託出版物
本書の無断複写は著作権法上での例外を除き禁じられています。複写を希望される場合は、その都度事前に(社)出版者著作権管理機構(電話03-3513-6969、FAX03-3513-6979、e-mail:info@jcopy.or.jp)の許諾を得てください。